一 周 基 邓少年 李玉杰·著 一

The Dimension of
the Golden Mean
—A Study of Ancient Architecture
in Southern Hunan (Yongzhou)

中庸之维

——湘南（永州）古建筑研究

武汉大学出版社
WUHAN UNIVERSITY PRESS

图书在版编目(CIP)数据

中庸之维:湘南(永州)古建筑研究/周基,邓少年,李玉杰著.—武汉:武汉大学出版社,2023.1

ISBN 978-7-307-23018-7

Ⅰ.中…　Ⅱ.①周…　②邓…　③李…　Ⅲ.古建筑—研究—永州　Ⅳ.TU—092.964.3

中国版本图书馆 CIP 数据核字(2022)第 053441 号

责任编辑:李嘉琪　　叶　芳　　责任校对:杨　欢　　装帧设计:吴　极

出版发行:**武汉大学出版社**　(430072　武昌　珞珈山)

(电子邮箱:whu_publish@163.com　网址:www.stmpress.cn)

印刷:武汉市金港彩印有限公司

开本:880×1230　1/16　印张:12.5　字数:322 千字

版次:2023 年 1 月第 1 版　　2023 年 1 月第 1 次印刷

ISBN 978-7-307-23018-7　　定价:87.00 元

前　言

湘南（永州）地处湖南南部山区，气候湿热、多雨，日照时间较长，属南方汉民族聚居地区，受南方汉族传统文化、生活习俗、审美观念、人文地理、自然气候等因素的影响，其民居建筑具备南方民居建筑的普遍特点，即具有典型的"中庸"意蕴。中庸的理想状态是万事万物皆至臻和谐，即天地万物各安其位。湘南（永州）传统建筑的选址、布局、营建、装饰与建筑文化皆遵循"中庸"之道。

湘南（永州）地区属于以山丘地为主，丘、岗、平俱全的复杂多样的地貌类型。平地资源匮乏，可供居住的用地有限，古建筑多采用密集式布局；受中原文化、客家文化、广府文化和楚文化的共同影响，湘南（永州）古建筑的营造方式与文化属性也独具地域特色。其在功能上注重明确性，布局上注重灵活性，材料上注重伸缩性，形成了具有湘南特色的建筑艺术，富有浓郁的中国传统文化特色，显露出中国哲学思想的内涵。其深沉、厚重、广博的人居文化底蕴对于现代湘南人居建设有着重要的启示。

其主要建筑结构以木构架为主体，即抬梁式木构架、砖砌山墙、坡顶瓦面。从平面看，主要为前堂后寝，中轴对称，内部天井规整、严谨，总体布局结合地形变化，前低后高，一般坐北朝南，与周围自然环境融为一体，非常自然、协调。从外观上看，青墙灰瓦，显得稳重朴实；封火山墙，显得轻盈灵动；室内外装饰丰富多变，但不烦琐、华丽。

随着中国经济社会的跨越式发展，传统村落中的乡土伦理正不断被市场伦理取代，传统村落的内生能力逐渐丧失。中共中央办公厅、国务院办公厅在《关于在城乡建设中加强历史文化保护传承的意见》中强调：构建城乡历史文化保护传承体系，明确保护重点，严格拆除管理，推进活化利用，融入城乡建设，弘扬历史文化。本书基于湘南（永州）古建筑的人居环境、空间布局、形制与结构、建筑装饰、建筑等级、年代鉴定、园林景观等方面进行研究，以期促进传统村落的保护更新、永续传承，为城乡统筹发展提供理论支持。

著　者

2022 年 3 月 6 日

目　　录

第四章　湘南（永州）古建筑形制与结构 /63

第五章

湘南（永州）古建筑装饰 /111

第六章

湘南（永州）古建筑等级制度与年代鉴定 /157

第一章

湘南（永州）古建筑概述

湘南（永州）现存古建筑，主要有城址、民居、宗祠、寺庙、桥梁、塔、牌坊、道路、凉亭、商铺等类型。由于历史变迁及其他各种因素，唐代建筑荡然无存，仅存遗址。现存湘南（永州）古建筑年代最久远的为宋代，其余均为明清时期。

一、古城址

永州现存零陵东、南、西古城门及古城墙，宁远泠道县（湖南省宁远县历史上的一个主要县）古城址。零陵现存古城门、古城墙最早可追溯到东汉时期，现存夯土城墙，其中的东城门，保存有宋、明时期城门，两城门均为砖石结构，如图1.1所示。西城门现存一段宋、明时期的城墙，南城门现存宋代护城河。宁远泠道县汉代城址，位于东城乡培泽村，平面呈长方形，南北向，城门对开。护城河遗迹尚存，城内出土大量绳纹板瓦、筒瓦、瓦当，以及印纹砖。《水经注·湘水》载：西汉初年建泠道县于此。长沙马王堆汉墓出土的地图中有该城标记。

二、古民居

湘南（永州）古民居集中分布于传统村落，永州市有85个传统村落被列入中国传统村落名录，其中第一批4个，第二批2个，第三批2个，第四批16个，第五批61个。

古民居的建筑形制和结构，均能反映其年代、布局和地方民族文化的特征，零陵周家大院、许家桥明代将军府、蒋家大院、胡家大院、江永上甘棠古村落、祁阳龙溪村李家大院及零陵大庆坪传统村落等均为湘南（永州）古民居与传统村落的典型代表（图1.2），体现了院落式和街巷式布局特点，一般以堂屋为中心，正屋为主体，中轴对称，横屋、厢房、杂居均衡配置，天井、院落组合变化。传统村落由数十户同姓民宅组成，一般为街巷式，青石通道，户户相通，各院独立。湘南（永州）古民居一般为砖木结构，封火山墙，盖小青瓦，木架结构为抬梁式、穿斗式，一般为硬山顶、悬山顶。传统民居特别注重艺术装饰，用木雕、石雕、堆塑、彩绘等工艺装饰，展示其丰富的文化寓意。

图1.1　零陵东城门遗址

周家大院

许家桥明代将军府（红线区域内）

蒋家大院

胡家大院

江永上甘棠古村落

牛亚岭瑶寨

龙溪村李家大院

谈文溪古村落

图1.2 湘南（永州）古民居

三、古宗祠

湘南（永州）宗祠一般以姓氏定名，如零陵许氏宗祠、艾氏宗祠，冷水滩欧阳宗祠，祁阳奉氏宗祠、周氏宗祠，新田谢氏祠堂等。

明清宗祠在布局、建造、装饰等方面均有区别。明代宗祠较为单一，一般为一栋，由前槽门、天井、中堂、后堂组成，如许氏宗祠、艾氏宗祠。清代宗祠为木架构，盖小青瓦，由前门、天井、中堂、正堂组成，且开始出现戏台，如宁远县翰林祠，新田县骆氏宗祠、黄氏宗祠，宁远奉氏宗祠，蓝山黄氏宗祠等（图1.3）。湘南（永州）宗祠建筑布局一般为坐北朝南，中轴线上自南而北依次为大门、戏台、厅堂，两侧为楼房，布局繁密。砖木结构，盖小瓦，戏台一般为歇山顶，装饰类型丰富，有石雕、木雕、堆塑，还有彩绘等。

四、古寺庙

古寺庙自汉始为佛教建筑之一，后经发展，种类繁多。湘南寺庙众多、性质多样，可分为信佛庙宇、祭祀庙宇和信神庙宇。信佛庙宇，如零陵法华寺、蓝山塔下寺、江华豸山古寺等。祭祀庙宇，如宁远舜帝庙、零陵武庙、零陵文庙、宁远文庙、零陵柳子庙等。信神庙宇，如零陵火神庙、道县海龙庙、零陵黄溪庙等。湘南（永州）古寺庙如图1.4所示。零陵古城古称"百庙之城"。湘南（永州）古寺庙在建筑布局上，一般采用纵向的中轴对称院落组合的传统形式；在建筑形式上，大寺庙多采用重檐歇山顶，如零陵文庙、宁远文庙、零陵武庙等，较小的寺庙则多用硬山顶、封火山墙。舜帝庙、文庙，红墙，盖黄色琉璃瓦，其他庙宇均盖小青瓦。

湘南（永州）还存在一种阁楼式的宗教建筑，如零陵香零山观音阁，江永龙凤阁、上甘棠文昌阁等。一般采用砖木结构，盖小青瓦，有硬山顶，也有歇山顶。

许氏宗祠

宁远县翰林祠

宁远奉氏宗祠

蓝山黄氏宗祠

图1.3　湘南（永州）古宗祠

零陵法华寺

宁远舜帝庙（后世复建）

零陵武庙

零陵文庙

宁远文庙

零陵柳子庙

零陵香零山观音阁

江永上甘棠文昌阁

图1.4　湘南（永州）古寺庙

五、古桥梁

湘南（永州）古桥梁（图1.5）遍布乡村，其中石梁平桥、石构拱桥分布甚广，而石墩风雨桥和石拱风雨桥具有湘南地方特点。其中，江永上甘棠步瀛桥是典型的两墩三孔石拱桥，始筑于北宋靖康元年（1126年），桥全长30m，宽4.5m，高约5m，整体近似梯形，每拱跨度约8.5m。桥虽仅残存半边，但长久不塌，堪称我国桥梁史上的奇观。江永上甘棠寿隆桥，宋代石桥，采用了木建筑中常用的榫卯结构，石榫为墩，石板为梁。桥面由约1m宽、20cm厚的青石砌筑而成；青石竖立，一块两头各凿一个圆洞的整石横放其上，青石上方嵌入石洞里，形成桥墩。桥墩的形状如长条高脚凳，桥面石就架在石凳上。这是湖南省迄今发现保存最完整、年代最久远的榫卯结构的石桥。零陵大河坪方

石桥为典型石梁平桥，建于清代，由六块巨大的石梁筑成。青石梁长7m，宽1.5m，厚0.8m，桥墩由青方石筑成，两头呈尖形。祁阳杉树桥、零陵新江风雨桥、东安广利桥为典型的石拱风雨桥。祁阳杉树桥建于明万历十年（1582年），为湘南有纪年以来最早的石拱风雨桥，桥长76m，净宽20m，三拱。桥上建木廊，为砖木结构，封火山墙，歇山顶，盖小青瓦。东安广利桥更富有特色，建于清代，桥上除建木廊外，还在中部建亭阁，两端建歇山顶牌楼门。桥长36.8m，宽4.5m，仿宋代"金鸡脚豆腐腰"的营造方式。宁远广文桥属典型的木构风雨桥，始建于清乾隆年间，经道光、咸丰、同治年间数次修缮，现桥体保存完好。桥面宽3m，长30m，桥上覆小青瓦，封火山墙，桥墩由巨大的青石块砌成，桥面上先用三层横木堆砌，再铺青砖，桥面的两侧有齐腰高的木栏杆。

江永上甘棠步瀛桥

零陵大河坪方石桥

江永上甘棠寿隆桥

零陵新江风雨桥

东安广利桥   宁远广文桥

图1.5 湘南（永州）古桥梁

六、古塔

湘南（永州）古塔较多，分布更广。从构造上可分为楼阁式和密檐式；从体积上可分为大型塔和小型塔，其中小型塔多为实心，大型塔多为空心。有的用于镇水患，如零陵廻龙塔、祁阳文昌塔等。有的用于镇风水，如零陵老村里借莉塔。另外，有惜字塔，如零陵杉木桥村青云塔、滩头惜字塔、淋塘惜字塔等；信佛塔，如零陵石山脚佛塔、东安观音塔等。零陵廻龙塔，为湘南最典型的砖石古塔，建于明万历年间，外观七层，内实五层，底层由青石建造，塔二层以上由大青砖建成。

宁远下灌文星塔，为八角五级楼阁式砖石塔，清乾隆三十一年（1766年）重建，塔高约20m，塔座以方石砌筑，塔身为青砖结构，檐盖小青瓦，内有扶梯可登，每层均辟小券门，底层南向辟石拱门，门额镌刻"文星塔"三字和修建年款。湘南（永州）古塔如图1.6所示。

零陵廻龙塔   祁阳文昌塔   零陵老村里借莉塔

零陵杉木桥村青云塔

零陵石山脚佛塔

新田骆铭孙惜字塔

零陵龙潭湾秀峰塔

道县楼田村文塔

宁远下灌文星塔

图1.6 湘南（永州）古塔

七、古牌坊

湘南（永州）古牌坊形式各样，多为木结构或青石结构，如图1.7所示。装饰工艺多样，艺术水平甚高。其中，道县进士牌坊，建于明天启年间，旧名"思荣进士"坊，条石砌筑，四柱三门，高9m，宽4m，坊额阴刻楷书"庚戌科报"，并镂刻游龙流云、八仙人物故事等，边柱分别置石狮4尊。宁远节孝石牌坊，建于清代，为石结构，四柱三门，高9m，宽8m，坊上浮雕龙凤、花草，正中镌刻楷书"圣旨"二字，下刻350名节孝妇女名。宁远神下木牌坊、东安头木牌坊均建于清代，木结构，分别为四柱三门三楼、六柱五门三楼，均为歇山顶。主楼施如意斗栱，横枋上雕龙凤、人物、花鸟图案。

宁远云龙坊

图1.7　湘南（永州）古牌坊

八、古道、古亭、古商铺

湘南（永州）古道、古亭、古商铺存在有机联系——有商铺必通古道，有古道必设古亭。

零陵桃江古道，始建年代不详。现存古道为明代筑就，路面全都由青石块料筑成，长391m，宽2～2.5m，古道中设双拱桥1座，单拱桥1座，小孔桥1座。桥体均由青方石筑成。湘南（永州）古道如图1.8所示。

古人说"十里古道必有一亭"，亭的形式多样，文化含义丰富。零陵节孝亭，建于清光绪四年（1878年），为石木结构，长11m，宽7m，高6m，封火山墙。南北开券门，东西两排有4根八方石柱，柱上镌刻对联，西面有茶舍。零陵福寿亭，建筑面积为98m²，木石结构，青石筑成的硬山墙，八字梁；青石门额，饰双龙戏珠浮雕，刻"福寿亭"三字；下横额上刻"灵钟潇水"四字，南北三排整石柱，八棱四面，各面均刻精美书法对联，东西二门为牌坊式建筑。湘南（永州）古亭如图1.9所示。

桃江古道

潇湘古道

图1.8　湘南（永州）古道

零陵节孝亭

零陵福寿亭

图1.9　湘南（永州）古亭

湘南（永州）古商铺（图1.10）一般建在各地商业街两侧，始建年代可追溯至五代（从五代开始，商铺与作坊分开），湘南（永州）现存最早商铺为零陵珠山古街商铺。潇湘古镇商街始建于五代，宋代完善后，为湘南最大集货交易场地；零陵柳子街、江永上甘棠商街，现保存完整。湘南（永州）古商铺形式多样，有院落式、阁楼式、吊楼式、简易式等，一般为砖木结构、硬山墙、悬山顶，盖小青瓦；有一二开间，也有三开间，一般为二至三进深，梁架为穿斗式。零陵城内各古街商铺多为阁楼式、吊楼式，砖木结构，一般面阔为二至三间，二至三进深，梁架为穿斗式，有硬山墙和悬山顶两种，商号多以姓氏为主。其中较具代表性的如下：

（1）零陵黄溪古街商铺，一般为简易商铺，一层，简易木架结构，铺主多为外来人。

（2）黄田铺古街商铺，为现存明代商铺，明代典型斗栱、雀替，砖木结构，梁架为穿斗式，硬山墙。

（3）零陵郑家桥古街商铺，多为院落式，多为三开间、三进深，由前厅、天井、后堂组成，前厅为商铺，铺名各异，有"见富号""永兴发""贵富号""同兴号"等。

（4）柳子街，以山为背景，街巷穿过山脚溪畔。柳子街商铺以1～2层木构住宅建筑为主，临街面一层较开敞，可作客厅，部分建筑二层挑出，多用来居住或储藏物品，层高与一层略有不同。其中，南侧建筑临溪水而建，或建于岩石之上，或为吊脚楼，与自然环境融为一体。

（5）宁远下灌状元街，沿泠江一级台地呈东西向分布，建筑沿街道两侧集中排列，均南北向布局，前店后市，层高为两层，临街面下店上寝，多数建筑均采用砖木结构，青灰色瓦顶。街道采用青石板铺砌。

（6）江永上甘棠商街商铺，分布在穿村古驿道的中段，沿街两侧长约60m的地段内，用砖砌高柜台，上为窗板。商铺一般为两层木楼，下店上寝。

潇湘古镇商街

零陵柳子街

江永上甘棠商街 宁远下灌状元街

图1.10 湘南（永州）古商铺

第二章

湘南（永州）古建筑的
形成背景及发展历程

第一节　湘南（永州）古建筑形成的自然环境

永州市（N26°25′26.25″，E111°36′25.17″）位于湖南省南部，潇、湘二水汇合之处，故雅称"潇湘"。市辖区面积22441km²，下辖零陵区、冷水滩区2区，祁阳市、东安县、双牌县、道县、宁远县、新田县、蓝山县、江永县、江华瑶族自治县9县（市），金洞、回龙圩2个管理区和国家级永州经济技术开发区。

永州市地处南岭北麓，位于由西向东倾降的第二阶梯与第三阶梯的交接地带，是南岭山地向洞庭湖平原过渡的初始阶段。市域地势三面环山，西南部高，东北及中部低，地表切割强烈，以越城岭—四明山系、都庞岭—阳明山系、萌渚岭—九嶷山系等三大山系为脊线，呈环带状、阶梯式向零祁盆地、道江盆地等两大盆地中心倾降。属于以山丘地为主，丘、岗、平俱全的地貌类型。丘陵地貌如图2.1所示。

永州市域内水资源丰富。境域内共有大小河流733条，总长10515km，分为三个水系：一是湘江水系，包括境内主要河流，流域面积为21464km²；二是珠江水系，主要是江永桃川、江华河路口一带及蓝山的一部分小河，流域面积为77.8km²；三是资江水系，包括东安南桥、大盛部分地方的小河，流域面积为101.3km²。永州主要河流有湘江、潇水、宁远河、泠江、白水、祁水、春陵水、永明河等。

永州属于亚热带大陆性季风湿润气候区，因南北气流受山脉等综合因素的影响，垂直差异和地域差异较大，具有四季分明、早春多变、夏热周期长、秋晴多旱、冬期较短、无霜期长等特点，年均气温为17.6～18.6℃，无霜期为286～311天；多年平均日照时数为1300～1740h，太阳总

图2.1　丘陵地貌（摄于井头湾村）

辐射量达 101.5 ～ 113kcal/cm²；多年平均降水量为 1200 ～ 1900mm。

市域内土壤类型多样，有水稻土、黄壤、红壤、紫色土、红色石灰土、潮土六大类。其成土母岩以板页岩（泥质岩石）为主，其次为紫色砂页岩、石灰岩、砂岩，再次为第四纪河谷冲积物。

在这些自然条件下，永州古建筑因地制宜，因材致用，在不同时代创造出了不同风格，最后发展成典型的中国湘南特色的古建筑。

第二节　湘南（永州）古建筑形成的社会人文背景

地缘与血缘对古建筑的形成和发展至关重要，前者决定其存在的条件和环境，后者关系其发展演变，即人们追求的人与自然之间的和谐，以及社会环境本身的和谐，深刻影响着古建筑的发展演变。湘南（永州）古建筑的形成和发展有其独特的社会人文背景。湘南（永州）先民大部分是因避世迁居而来，其村落的空间布局在丘陵山地中呈现强烈的内聚力。在湖南传统的农业基础、浑厚的湖湘文化底蕴、灿烂的多民族文化，以及三面环山、中部盆地、北面平湖的地形地貌浸润下，湘南（永州）古建筑融自然山水与多元文化于一体，具有形态类型的多样性和地域空间的差异性。

一、历史沿革

早在旧石器时代，永州境内就已有古人类活动。永州在夏、商和西周时期为荆州南境。春秋、战国时代属于楚国苍梧郡。秦始皇二十六年（前221年），设长沙郡，始置零陵县（治所在今广西全州县咸水乡）。西汉初，设立长沙国。汉武帝元鼎六年（前111年），置零陵郡。东汉光武帝建武年间（25—55年），零陵郡郡治由零陵县（今广西全州县咸水乡）

搬迁至泉陵县（今零陵区），自此，泉陵县成为郡级（地级）行政区治所的驻地，隶属荆州。

221年，刘备建立蜀汉政权，零陵郡属蜀汉。孙吴时期，零陵郡辖地大幅调整。短暂统一的西晋王朝时期，全国分为十九州，零陵郡属荆州。东晋永和年间（345—356年），零陵郡复分置零陵、营阳二郡。南北朝时期，零陵、营阳二郡属南朝（宋、齐、梁、陈）地域。三国、两晋、南北朝时期，今蓝山、江永、江华一带仍不属于零陵郡或营阳郡所辖范围。

隋高祖平南陈统一中国后，零陵设郡。隋开皇九年（589年），隋文帝将原零陵郡改置为永州总管府，永州之名始称于世，同时这也是永州这一地名首次成为郡级行政区域名称。唐武德四年（621年），废零陵郡，分置永州、营州。唐贞观八年（634年），改南营州为道州。唐贞观十七年（643年），撤道州并入永州。唐上元二年（675年），复置道州。唐天宝元年（742年），改永州为永州零陵郡。唐广德二年（764年），置湖南观察使，湖南之名自此始，永州、道州属之。

隋代时，南平县（今蓝山县）并入临武县，属桂阳郡。唐宋时期，今蓝山县属郴州桂阳郡。唐咸亨二年（671年）析临武县，复置南平县；唐天宝元年（742年），将南平县改名为蓝山县，沿用至今。

五代十国时期，今永州境域先属马氏楚国，后属周行逢领地。五代后唐天成二年（927年），为永州，零陵县治（治所在今零陵区）；分道州，宏道县治（治所在今道县），皆隶属江南西道。马、周割据湖南期间，永州仅辖零陵、祁阳二县，原湘源、灌阳二县则划归全州。道州仍辖宏道、延熹（原延塘县）、江华、永明、大历5县。至此，永、道二州辖地基本定型。

宋代永、道二州郡辖地稳定。元代实行行省制度。道州路总管府治所在今道县，永州路总管府治所在今零陵区。明洪武元年（1368 年），明太祖废行中书省机构，在各省设立布政司、按察司和都司三司，直属中央。布政司下设府。原永州路改称永州府，道州路改称道州府。清朝实行"省""道""府和直隶厅、直隶州""县和散厅、散州"四级行政管理机制，永州府属湖广右承宣布政使司。1913 年，改道州为道县。

1949 年 10—11 月，永州地区各县先后被中国人民解放军攻克或实现和平政权更迭，设永州专区，翌年称零陵专区。

二、民族融合

先楚时代，湖南境内主要有"荆蛮"、越人、濮人三大部落，他们广泛分布于整个湘江流域及资水中下游地区。随着楚人的进入，原湖南居民逐渐溯四水而上，迁居至湘南、湘西等区域，湘南是百越集团的地盘。在随后漫长的人类文明进化演变的过程中，伴随北方各民族政权的嬗递、混战、建立和瓦解，大批汉人与南方诸民族融合，原广布于湖南境内的氏族大部分已汉化，只有一小部分"蛮族"仍保留其独特的生活文化习俗，这也奠定了湖南各民族分布的整体格局。

目前，在湖南地区生活的苗族、土家族、侗族和瑶族四大少数民族中，分布在湘南（永州）地区的主要为瑶族和侗族，其中又以瑶族人数较多且历史较悠久。在长期的社会发展中，湘南（永州）地区形成了独特的地域文化和民风民俗。

三、历史文化背景

湘南（永州）地区地处湖南南部，东毗江西，南接两广，西邻广西，自古便是纵连南北、横接东西的重要交通枢纽和战略要地。特殊的地理区位为其文化的交流和发展提供了有利的条件，同时其传统村落形态和建筑特色与相邻省份相互影响、

相互借鉴。总的来说，影响湘南（永州）地区古建筑发展演变的有湘楚文化、儒家文化、赣文化、南粤文化以及"风水术"等。

1. 湘楚文化

春秋战国时期，随着楚国南征，楚人成为湖南境内的主体民族。秦汉以后，随着北方汉人三次大规模的南迁，湖南逐步实现了汉化。

地处楚南边境的湘南（永州）地区，汉化程度较轻，时间相对滞后，是湖湘地区中受楚巫风俗浸润时间最长、保留巫俗文化最多的地区之一。楚文化的特质是浪漫主义，而湘楚文化是在南楚鬼神崇拜和巫鬼民祀的沃土中发展起来的，因此湘楚文化又具有古朴、诡异和神秘的特点。巫风炽盛的湘楚文化使得祭祀成为湘南民俗风情的一个重要组成部分，因此，"祠"成为湘南（永州）地区古代村落的信仰核心。

2. 儒家文化

湘南（永州）地区山高林密，潮湿多雨，古称"瘴气"之地，历朝历代常有被贬谪的文人士大夫流放至此，加上中原地区战事频繁，大量汉人不断南迁，在奠定湘南民族分布格局的同时，也带来了中原地区古老而深厚的传统文化——儒家文化。

儒家文化提倡德政、礼治和人治，强调礼、义、廉、耻、仁、爱、忠、孝的基本价值观，形成了汉族传统文化之内核。而之后宋明理学（新儒学）的兴起，大大加深了以伦理道德为核心的儒家思想和儒家礼仪的影响程度。特别是宋明理学的开山鼻祖——"濂溪先生"周敦颐（道州人），对后世的影响巨大，其理论思想，即以"无极而太极"世界本体论为主要命题的"濂学"成为湖湘文化的源头。

"宗亲文化"是儒家文化的一个主要内容，它是指以家庭为基本单位，沿伦理关系左右扩展，按儒学理论框架构筑而成的价值观念和理念体系。血

缘家族是儒学伦理的根基，而祖先崇拜则为儒学最高的精神理念。村落大部分是以血缘为纽带的单一姓氏或多姓氏聚居形成的，且多为祖先崇拜。因此，聚族而居的村落成为中国传统社会宗亲文化乃至儒家文化的重要载体，而祠堂成为聚族而居的村落中礼制空间的核心体，它与民居的关系表征社会伦理关系与家族等级秩序。因此，湘南（永州）古建筑形态具有独特性。

3. 赣文化、南粤文化

特殊的地理位置和相对发达的水陆交通条件还使湘南地区与赣文化、南粤文化保持着难以割断的联系，其民风民俗对湘南地区传统村落的社会、经济、文化都产生了重要的影响。

受赣派建筑文化的影响，湘南地区的汉族传统村落布局简洁，朴实素雅。且民居高大挺拔的封火山墙、宽敞堂皇的厅堂、堂前狭小的天井等与赣派建筑的形制如出一辙。受南粤文化的影响，湘南地区的文化也具有兼收并蓄、务实灵活之特点，其中最典型的要属"崇耕尚读"的传统务实文化思想和泛神崇拜的宗教信仰。也正是在这种将各种文化兼收并蓄、取己所需的精神引领下，湘南（永州）地区的古建筑形态风格既区别于湖湘其他地区，也不同于广东、江西等地，具有自身特色。

4. "风水术"

先人基于长期对自然的细致观察及对实际生活的体验，形成了一种对居住环境的基址选择及规划设计的学说，叫作"风水术"或"堪舆学"。"风水"是中国独特的文化和学说，风水格局是中国人内省式思维放大到自然的宏观表现，是古人传统宇宙观、自然观、审美观的反映。风水流派中以源自江西一带的形势宗流传较广，该宗派通过山水环境形态的端庄秀美或歪斜破碎来判定"气"之吉凶。以"地理五诀"（"龙、穴、砂、水、向"五个要素），通过"觅龙、察砂、观水、点穴"四个步骤来判断风水格局，"左青龙、右白虎、后有靠山、前有玉带"是较好的风水闭合格局。此风水理论中环境科学成分占比较高。

北宋理学宗师周敦颐是"风水术"的发展者之一。他在《太极图说》中论述了阴阳之要义，并首次阐述"阴阳"与人的仁义道德之间的关系，即"天人合一"的理念。他认为，太极是天地万物的根源，太极分为阴阳二气，由阴阳二气产生金、木、水、火、土五行，五行的精华凝集产生了人类，阴阳转化合成而产生万物。周敦颐的太极学说和古人对村落择址的理想模式，深刻影响了湘南（永州）古建筑的选址与空间格局（图2.2）。

此外，"尊崇孔孟、儒道佛三教统一"的观念也深刻影响了湘南（永州）古建筑的发展。多方迁徙而来的先民同时受到儒家、道家、佛教等各种文化思想的共同影响，呈现出儒道佛三教统一、汉瑶文化统一的特点。

图2.2　古村落风水格局
（摄于上甘棠村）

第三节　湘南（永州）古建筑的发展历程

早在一万年前永州就有人类居住，起先穴居于山洞，如道县玉蟾岩遗址（图 2.3）。后逐步从岩洞走出，在山岗和台地上构筑简易建筑。据相关考古资料记载，永州发现夏、商、周古遗址多达 400 余处，分布于山岗、台地。

望子岗遗址（图 2.4）是目前湖南境内发现的最早的古越人聚居地。遗址内发现了多处保存完好、形式多样的建筑遗迹。其中，地面建筑和半地穴式建筑各 2 组。地面建筑面阔约 15m，内部分为若干单元，木骨泥墙的墙基、墙皮，散水等清晰可见，总面积近 100m²。半地穴式建筑中，一组呈甲字形的完整的半地穴式建筑，保存有台阶，四周有排列整齐的柱洞；另一组呈圆形的半地穴式建筑，四周也有排列整齐的柱洞。这类形式的建筑在过去同时期考古遗址中比较少见，不但有中原建筑文化元素，更具湘南建筑特色。

东安坐果山遗址（图 2.5）中，一组完整的山地居住遗址处，共发现古人用来支撑屋、柱子留下的柱洞 100 多个，从柱洞的位置可以看出，生活在坐果山上的商、周古人以山石为墙，在山石之间的空地上立柱搭棚。据其可以复原商、周时期人类依据岩山的自然环境来建筑居室的情形。

遗址全貌

玉蟾岩遗址出土的尖圆底釜形陶器（复原）

图2.3　道县玉蟾岩遗址与出土文物

遗址全貌

发掘现场有序排列的柱洞

图2.4　望子岗遗址

遗址局部   出土文物

图2.5 东安坐果山遗址与出土文物

永州年代最久远的建筑是简单的单座房屋——
干栏式建筑（图2.6），即在木（竹）柱底架上建
筑高出地面的房屋，以竹木为主要建筑材料，一般
为两层，下层放养动物和堆放杂物，上层住人。干
栏式建筑主要为防潮湿而建，长脊短檐式的屋顶以
及高出地面的底架，都是为适应多雨地区的环境。
各地发现的干栏式陶屋、陶囷以及栅居式陶屋，
均是防潮湿的建筑形制的代表，特别是仓廪建筑
（图2.7）采用这种形制的用意更为明显。后来，
干栏式建筑受到中原汉式建筑和佛教建筑的影响，
式样历经变化，形成湘南山区地带的吊脚楼风格，
如图2.8所示。

图2.6 南方早期干栏式建筑

双牌坦田粮仓   双牌塘基上粮仓结构

图2.7 湘南（永州）地区仓廪建筑及结构

图2.8　江华井头湾水楼

永州"零陵"至今有 2000 多年历史，拥有一定规模的城址，舜帝南巡，足以证明当时这里已有较成熟的夯土技术，同时人们能建造规模较大的木构架建筑，还出现了院落群体组合。春秋战国时期，永州出现了瓦版筑技术，根据大量出土的春秋战国时期的珍贵文物可知，永州零陵是楚越文化交融的古城。以下简要介绍春秋战国时期的古城址。

城头岭遗址，位于蓝山县总市乡下坊村，战国城址，平面呈方形，南北残长 136m，东西残宽

133m，东、南、西三面残存夯土墙，残高 0.8～1.5m，宽约 2m，北面有壕沟，采集有米字纹（战国典型纹饰）、方格纹陶瓷和绳纹（汉以前典型纹饰）瓦残片。

老屋地城址，位于江华瑶族自治县桥头铺镇老屋村，春秋至汉代城址，平面呈长方形，东西残长约 100m，南北残宽约 80m，城垣高 0.5～2m，城堡残高约 6m，城内文化堆积层厚 0.2～0.8m。采集石器有斧、锛，陶器有夹砂灰陶、泥质红陶，其纹饰有绳纹、席纹（春秋以前典型纹饰），器形有罐等，另有筒瓦等。

以上古城址的发现证明：春秋战国时代，统治阶级营建了很多以宫室为中心的城市，城壁用夯土筑造，宫室多建在高大的夯土台上，原来采用简单的木构架，经商周时期的不断改进，已成为湘南建筑的主要结构方式。

秦统一六国后，零陵设县属长沙郡。汉朝时，零陵改为泉陵侯国（汉城规模至今尚存），宁远为春陵侯国，属长沙国管辖。图 2.9 所示为现存春陵侯故城遗址。

图2.9　春陵侯故城遗址

史载汉武帝于元朔五年（前 124 年）六月封长沙王刘发之子刘贤为泉陵侯，置县级泉陵侯国，辖今永州市零陵区、冷水滩区、双牌县北、祁阳市、东安县等，开始了零陵修筑城池的历史，到东汉初，零陵一直为土筑城墙。蓝山南平汉代故城、宁远汉代泠道县故城等均具有一定城市规模，建筑业迅猛发展。

穿斗抬梁式木构架到汉代在永州普遍使用并流传至今。穿斗抬梁式木结构用料经济、施工简易，

在房屋两端的山面用穿斗式而中央诸间用抬梁式，如图 2.10 所示。随着木梁结构的发展，从汉代开始采用质量较高的麻布纹青砖（图 2.11），并印有各种纹饰，尤其以几何纹饰多见。而砖的出现晚于瓦（图 2.12），周朝初期已出现瓦，战国时代出现花纹砖，永州到汉代才大量使用麻布纹青砖，尤其从西汉晚期到明代的墓均为砖式墓。木构架建筑的墙壁逐步用砖代替原来的夯土和土坯。

实景（双牌坦田粮仓）

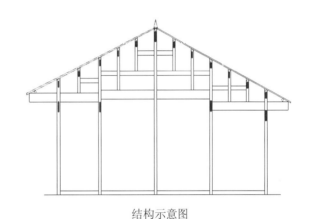

结构示意图

图2.10 湘南（永州）穿斗抬梁式木结构

东汉麻布纹青砖

汉代至西晋几何纹、铭纹砖

图2.11 麻布纹、几何纹和铭纹青砖

图2.12　秦汉绳纹瓦当、板瓦（蓝山县出土）

自汉代始，古建筑出现了微微向上反曲的屋檐，后出现了屋角及翘结构，并产生了举折，建筑物上部庞大的屋顶呈现出轻巧活泼的形象。屋顶式样进一步发展，出现庑殿、歇山顶、硬山顶、悬山顶、盔顶、攒尖顶等基本形体，以及重檐屋顶，二、三层的房屋开始流行，多层楼阁大量增加。图2.13所示为汉代民宅模型。

独栋民宅模型（零陵区出土）

民宅（院落）模型（零陵区出土）　　　　　重檐屋顶民宅模型（江永县出土）

悬山顶民宅模型（零陵区出土）

图2.13 汉代民宅模型

唐宋时期是中国封建社会的鼎盛时期，也是湘南（永州）古建筑发展的成熟时期。这一时期的建筑，在继承西汉成就的基础上吸收、融合了外来建筑文化，形成了完整的建筑体系。在材料、技术和建筑艺术方面都取得了前所未有的辉煌成就。唐代，宗教建筑在永州盛行，如宁远舜帝庙、零陵法华寺、萍岛湘妃庙等均始建于唐代。到两宋时期，宗教建筑更为盛行，宗教文化更为丰富，零陵文庙、零陵柳子庙、宁远文庙等均始建于宋代。湘南（永州）唐、宋宗教建筑如图 2.14 所示。

零陵法华寺（始建于唐代）

潇湘庙（原为湘妃庙，始建于唐代）

零陵文庙（始建于宋代）

零陵柳子庙（始建于宋代）

江永县勾蓝瑶寨盘王庙（始建于宋代）

图2.14　湘南（永州）唐、宋宗教建筑

　　唐末宋初，湘南（永州）商业经济发展迅速，商业街形成规模，尤其是潇湘古镇规模较大，作为湘南最早的商贸中心、湘桂物流之集散地，十分繁华。五代时，设立湘口驿站，驿前有湘口渡，"五代时，有数百家，皆镇可辖之"。宋代后，随着商业经济发展，潇湘古镇规模进一步扩大，形成六七千米长的潇湘街，古道、古桥、古商铺、古塔、古民居等发展更为迅速。遗憾的是，现存古建筑极少，尤其是木架结构的古建筑。宁远舜帝庙遗址仅展示寺庙的布局、规模、地面材质。部分宋代以前古道、古桥、古井、青砖墙体、古商街等尚存。

　　明清时期，湘南（永州）建筑进一步吸收外来建筑文化精华，不断完善自身风格。明初，湘南出现第二次人口南迁，尤其是江西等地大量移民南迁到永州一带，进一步促进永州社会经济发展，尤其是以宗族为代表的传统村落进一步发展。到清末民初，湘南（永州）传统村落已广布全境。永州境内现已公布的传统村落达85个，这些传统村落的规模、布局、建制、结构、装饰均富于湘南特色，历史、科学、艺术价值甚高。零陵杉木桥村胡家大院、零陵许家桥明代将军府、零陵干岩头村周家大院、江华宝镜村何家大院、双牌坦田古村落、祁阳蔗塘村李家大院、祁阳龙溪村李家大院、新田谈文溪村古村落、江华井头湾村古村落等，如图2.15所示。

零陵杉木桥村胡家大院（始建于明代）

零陵许家桥明代将军府（始建于明初）

零陵干岩头村周家大院（始建于明末）

江华宝镜村何家大院（始建于清代）

双牌坦田古村落（始建于清代）

祁阳蔗塘村李家大院（始建于清代）

江华井头湾村古村落（始建于清代）

图2.15　永州传统村落

　　明清时期，湘南传统村落得到进一步发展与完善，同时古道、古商铺、古桥、古亭、古塔、古宗祠、古牌坊也进一步发展，尤其是牌坊在保持湘南风格的基础上，大胆设置斗栱，大部分为如意斗栱。清中期以后，文塔、惜字塔、戏台遍布各大宗族传统村落，湘南（永州）古建筑艺术性、科学性达到鼎盛。如图 2.16 所示的永州传统村落宗祠中，新田县骆铭孙村"锦衣总宪"门楼，飞檐斗栱，气势恢宏；宁远县云龙牌坊，重檐歇山顶，主楼正面饰如意斗栱、木枋，雕八仙、龙凤、花草等图案，工艺精湛，形象生动；零陵许氏宗祠，始建于明初，古朴浑雄；新田县骆氏宗祠，为湘南（永州）最为典型的宗祠，规模宏大，建制全面，装饰精致。

柳子庙戏台

宁远云龙牌坊戏台

新田县骆铭孙村锦衣卫坊（"锦衣总宪"门楼）

新田县骆铭孙村骆氏宗祠戏台

蓝山虎溪村何氏祠堂戏台

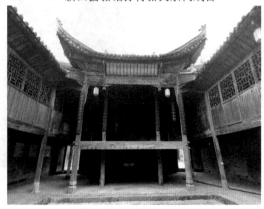

新田谈文溪家庙戏台

江永勾蓝瑶寨宗祠

江永勾蓝瑶寨宗祠戏台

图2.16　永州传统村落宗祠

清末民初，清政府推行洋务运动进行社会变革，传统建筑受到西方建筑文化的影响。这个时期的湘南（永州）古建筑同样受到影响，在建筑形制、结构等方面逐步融入西方建筑元素，其中门、窗体现得比较明显。中西合璧的基督教建筑迅速发展，除了局部有所改变，建筑主体依然保持着浓厚的湘南建筑风格。永州清末民初典型建筑如图2.17所示。

湘南古建筑历经几千年，一脉相承，其布局、形制、结构、建造、文化装饰具有自身特色，在全国也独树一帜，整个建筑形制、风格与湘南地域自然生态相符。从外观上看，湘南古建筑具有以下特色：其一，屋顶盖小青瓦，除文庙、舜帝庙等历代帝皇崇拜的庙宇盖黄色琉璃瓦外，其他建筑均盖小青瓦且形式多样；其二，封火山墙，墙头尾翘；其三，屋脊用青瓦造型，清代以后，檐口做白石灰瓦头；其四，石雕、木雕、泥塑、彩绘等装饰工艺及文化寓意均具湘南建筑特色，并已形成中国湘南古建筑体系。

零陵区大庆坪乡赵家湾古村民初建筑

东安县唐生智故居（始建于民国时期）

永州现存最早的英国基督教堂（始建于1907年，位于零陵区黄溪岭）

图2.17　永州清末民初典型建筑

第三章

湘南（永州）古建筑布局

湘南（永州）古建筑中，古民居占比最大，其布局又与宗祠密不可分，宗教建筑等其他高等级古建筑数量较为稀少。因此，本章节分别对古民居布局、宗祠布局和宗教建筑布局进行描述。湘南（永州）古建筑选址遵循"风水术"，讲究"左青龙、右白虎、前朱雀、后玄武"的空间格局，古人认为青龙、白虎、朱雀、玄武为东西南北四大神兽。一般而言，青龙是指河流，白虎是指道路，朱雀是指向阳的原野，玄武是指山岭。也有不依山而建的院落，选址于广而平的田洞中间。

第一节　湘南（永州）古民居布局

"中庸"是湘南古民居布局的主要文化取向，人居其中，和谐自如，怡然自得。湘南（永州）古村落选址多为山环水抱之势，一般为三面环山，一面临水，犹如"太师坐椅"，坐北朝南，北高南低。在湿热多雨、日照时间长的自然条件下，坐北朝南，有利于采纳南来之阳气，便于通风、采光。北高南低，则使村落形成一个自然的排水系统，有利于减少洪涝灾害的发生。

湘南（永州）古民居建筑类型多样，形式多变，规模不一，但皆属南方汉族地区的天井式合院建筑，多以木构架为结构主体，形成丰富多彩的建筑空间层次。天井是湘南（永州）古民居布局的重要组成部分，体现了"天人合一""中和"的儒家思想，且具有通风、采光、排水等实用性。天井的设计与建造，充分体现了古民居设计的科学性及生产力的发展水平。

湘南（永州）古民居的基本布局形式：以若干具有规律性的单个建筑物的组合为群体。当建筑的规模需要扩大时，往往采取纵向扩展、横向扩展或纵横双向扩展的方式，以多重院落相套而构成各种建筑组群。一般是将主体建筑布置于基地的主轴线上，附属房屋居于次要地位，向纵深方向布置若干庭院，在纵向主体建筑的基础上，对称横向扩展，组成有层次、有深度、有广度的群体建筑。群体建筑之间常设置门、道、墙等构筑物，以起联系或隔断作用。

大部分民居平面沿用方形形式，有基本的平面布局，即单元建筑、前堂后寝、中轴对称，主次分明，严谨规范。整座建筑沿轴线有门斗、前堂、天井、正堂，轴线两边有厢房，厢房间有通道，可进入另一院落，其他多进院落都是在此基础上衍生、扩展而成的。

少部分民居依山就势自由建造，因受地形或宅基地的限制，一般不取院落式的同边布局，只是在屋顶和平面相连的房屋内营建出上下左右都能连通的内部空间，外部则开敞暴露，和自然融为一体。大多不求规整对称，由几座毗连的房屋组成曲折多变的平面，空间和形态也灵活多变，或屋坡前小后大，或屋顶有部分高起的阁楼，或外墙某处上部有挑出的悬楼，或楼房与平房毗连，室内地面随地基标高而错折，或房屋一面和另一面的层数不同等。

整体上，湘南（永州）古民居分中轴院落式、街巷式、巷式与宜地式四类。在丘陵平阔地区以中轴院落式为主，以纵线为中轴，设正屋、横屋，纵向、横向扩展；在山区以街巷式、巷式、宜地式为主，建筑错落有序，从院外看是封闭式大院，院内青石街道将数个独立民宅连接相通。湘南（永州）院落式与街巷式古民居的规模与布局均与宗族的历史地位、经济实力及时间延伸密切相关。

一、中轴院落式古民居

湘南（永州）中轴院落式古民居可分为"组合型""综合型""单院型"三类。

1. "组合型"古民居

"组合型"古民居是指由各个独立大院组合而

形成的庞大的组合大院。其中，较为典型的有零陵干岩头村周家大院、祁阳龙溪村李家大院、江华宝镜村何家大院、零陵杉木桥村胡家大院、祁阳柏家村柏家大院、祁阳元家庙村刘家大院等。

（1）零陵干岩头村周家大院。

周家大院是湘南典型的组合式大院，背靠大山，院前广阔平坦，贤水自西往东从院前流过，在空旷的田园之间，呈北斗星状依次坐落着"老院子""新院子""红门楼""黑门楼""四大家族院""子岩府"等6座庞大古民居院落。周家大院从整体布局到房间分布，皆井然有序，平稳中和，不偏不倚，是古民居中诠释儒家文化的典型。其"向心性"的布局，又体现了"中庸"的"择中"观念、"中心"观念，所有的单体建筑大都汇聚于以祠堂为中心的中央广场，构成环形、多边形建筑格局，集中紧凑，

功能区分明确且实用。

图3.1是零陵干岩头村周家大院子岩府平面图。子岩府坐南朝北，其布局体现了中国古建筑传统的"中和"思想。纵中轴线上的建筑为一组正屋，由照墙，门楼，天井、两厅、正堂四进构筑房屋组成，它是每座院落群体建筑的中心，为主体建筑；在横轴线上的为横屋，一排四栋，多排则呈东西两侧垂直于正屋的对称分布，每一组又由三进或四进厅堂组成，东西向结构进深与正屋相同。正屋相对而言更为高大气派、威严庄重，为长辈使用，东西两侧的横屋由分支的各房晚辈使用。这种纵为辈、横为支的划分，体现了以血缘为纽带的宗族观念中子孙分支的严谨性；这种对称、均衡、向中的纵横布局方式，体现了将"中庸"思想融于建筑布局的特点。

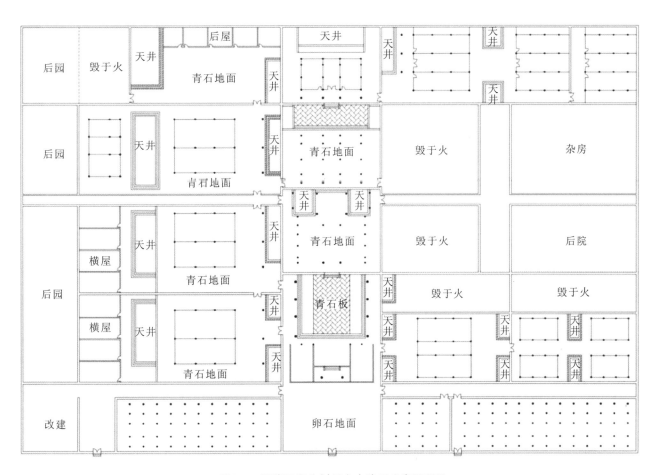

图3.1　零陵干岩头村周家大院子岩府平面图

（2）祁阳龙溪村李家大院。

李家大院皆随山就势，面朝上、下院两座正堂屋而建，南北纵深，包括3栋正屋、36栋横屋、36间大厅堂屋、17座游亭、360余间房屋、1栋花厅，以及李氏宗祠、仓廪。每一排横屋处于高低不同的台地上，通过巷道的台阶和天井的踏步相连接。李氏宗祠、品字书房、粮仓、花厅、绣楼等传统村落的公共建筑穿插其中，形成多个功能不一的聚落开敞空间。祁阳龙溪村李家大院平面图如图3.2所示。

最典型的建筑形制为横屋。横屋是一个组合单元，按照一定的规律组合，形成一个完善而有趣的空间形态。横屋由正房、两厢、游亭、檐廊、天井、券门、山墙组成，普遍为带有阁楼的三开间的穿斗式木结构建筑。其中正房（又称"横堂屋"）没有祭祀功能，仅起交通作用；两厢房用以满足起居需要，属于聚落的私密空间。前廊两端均设券门，与巷道相通，纵横有序，主次交错，四通八达，还能发挥消防通道的作用。

其中，上、下院民宅中，无论是雕梁画栋，还是木刻的雀替、驼峰、挑檐、牵枋、花格门窗，翼角堆塑、墙头彩绘，或者是石狮石象、门槛柱础，无一不是精雕细琢、形象逼真、神情生动，具有很高的审美情趣和艺术价值。村内宗祠建筑，布局对称，结构严谨，雕饰精美，功能齐全，是典型的清代江南宗祠建筑，是研究清末宗法制度、祠堂构筑和民风民俗的重要实物例证。

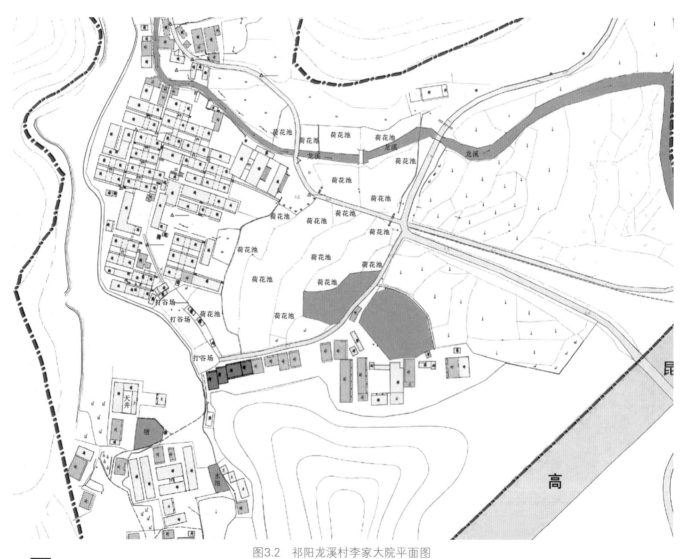

图3.2　祁阳龙溪村李家大院平面图

（3）江华宝镜村何家大院。

何家大院位于永州市江华瑶族自治县宝镜村，规模庞大，占地面积约 54000m²，现存房屋 180 栋，门楼 7 个，巷道 36 条，总建筑面积约 11500m²。从南往北分布着新屋、老堂屋、下新屋、大新屋、明远楼、围姊地、何氏宗祠等 8 个相对独立的建筑单元或院落，建筑群以纵列多进式、天井院落式布局为主，各个院落间有巷道相连，巷道道口及房屋的主要通道都设门，其外围又有围墙相护，仅以西侧的八字门楼和北门楼作为建筑群的主出入口，各个院落形成了一个相对封闭的有机整体。江华宝镜

村何家大院总平面图如图 3.3 所示。

（4）零陵杉木桥村胡家大院。

胡家大院整个建筑群由胡家始祖金像公、银像公、再安公三大院落组成。其中，银像公院落规模最为庞大，院前为广阔平坦的田洞，溪水从田洞中穿过。其建筑布局和周家大院子岩府相似，纵中轴线上的正屋由前门、天井、前堂、天井、二进堂、天井、三进堂、后正堂组成，进深 70m，正屋东西两侧为横屋，各五进横屋相互对称。零陵杉木桥村胡家大院平面图如图 3.4 所示。

图3.3　江华宝镜村何家大院总平面图

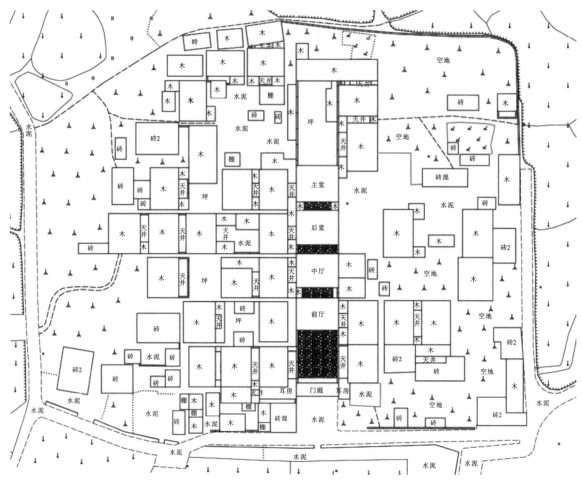

图3.4　零陵杉木桥村胡家大院平面图

（5）祁阳柏家村柏家大院。

柏家大院，由柏家后头院、上头院、老屋院、新屋院、宗祠、水运驿站组成，总占地面积达100余亩（1亩≈666.67平方米）。后头院为湘南典型官式大院，规模宏大，等级较高、建筑宏丽，总占地面积7088m²，坐北朝南，以槽门为中轴点，过槽门为大型天井，过天井拾五级台阶进下堂，进下堂过游亭，游亭两侧为天井，过游亭拾级而上，进上堂，上堂为正堂，堂屋均为四垛（一进三开间），中轴堂屋两侧为横屋。横屋纵列两排，横列四排，南横屋四柱两垛，三进五开间，北横屋二柱二垛，三进三开间，每排纵列横屋均设置3个游亭，将每栋横屋分开，游亭有13个，天井有25个。祁阳柏家村柏家大院如图3.5所示。

（6）祁阳元家庙村刘家大院。

坐落于元家庙古村落的刘家大院始建于清乾隆年间，由森玉堂、顺庆堂和聚星堂三大院落组成。该座古民居飞檐翘角，气势磅礴，院内包括门屋、正厅、堂屋、游亭、花厅、绣楼、后房、厢房、杂屋等。正厅三间，中央为堂屋，用于招待客人、家族聚会，以及作为开展各种活动的场所，与天井相连，通风、采光良好。房屋结构紧凑，每个院落均建有条石八字槽门、耳间槽门，四周有2m高的院墙，布局合理。

其中，森玉堂建于清代，由刘扬名公的玄孙刘普施建成坐西向东的7栋楼阁，且都建造了晒楼。后由另一人在南边建造了8栋楼阁，形成了森玉堂。柱子高而粗，汉白玉石墩柱，显得雄伟气派。左青龙、右白虎，青龙一侧3栋房，白虎一侧9栋房。

八字槽门（大门）朝东开，槽门口有两个大腰鼓石，石面非常光滑，可供人坐着休息。大门前是一口塘，叫森玉塘。两侧各有一条长方体形的双人石凳。从槽门进去是过亭（天井），再上3级台阶就进入报厅屋，中间是公屋，两边有人居住。过了报厅屋，进入游亭，游亭是由4根木柱撑起的一层瓦面房。走过游亭进入前厅屋，一座三间房，中间4根大木柱。连接前厅屋的是天井，从天井上3级台阶就到了正厅屋。正厅屋，一排三栋，阶沿6根大木柱。从大门到正厅屋大概有80m，中间都是公屋。整个院子显得高大、庄严、雄伟。森玉堂平面图如图3.6所示。

图3.5　祁阳柏家村柏家大院

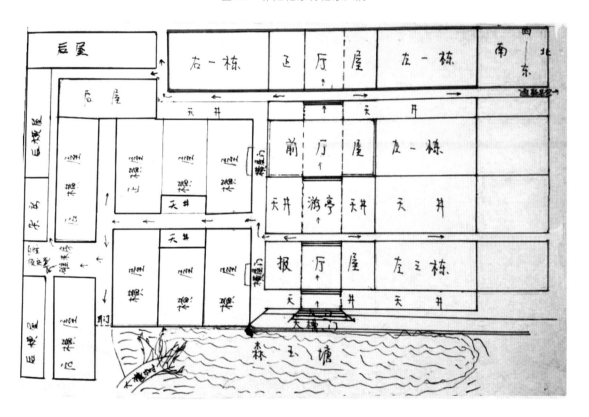

图3.6　祁阳元家庙村刘家大院森玉堂平面图（画红线的部分由刘普施建成）

2."综合型"古民居

"综合型"古民居是以门楼为前中轴点，纵线上正厅屋并列多排，两侧设横屋并列多排，相互对称，加上宗祠、广坪、杂房、通道、游亭等，形成的规模宏大的院落，是一个整体，但宅院相对独立。其中，较为典型的有零陵许家桥明代将军府、双牌坦田古村落。

（1）零陵许家桥明代将军府。

零陵许家桥明代将军府是典型的"综合型"古民居，坐东朝西，以门楼为前中轴点。进门楼为大型汤池，汤池两侧为空坪，汤池之上置月台，月台之上建纵线府堂屋，并列两排，从低往高依次共计四排。从横道过游亭直通中轴纵线府堂屋两侧横屋，横屋并列两栋，共四排，相互对称。北为许氏宗祠，南扩纵线宅屋并列两栋，共五排。每栋一般为三进三开间，整个大院呈一正一横，再一正一横，还设置了商铺、杂房等。将军府平面图及将军府府堂平面图如图 3.7、图 3.8 所示。

（2）双牌坦田古村落。

坦田古村落规模庞大，保存完整，共分南部、北部两个院落，南部老村院落始建于北宋，北部新村院落始建于清道光年间。所有房屋都临巷而建，其内部空间布局也大致相同。所有正屋大都坐西朝东，多作两进，一进为大门，有中门屏风，二进为厅屋，一般为三开间，也有五开间的。堂前开设长方形天井，堂两侧辟构室、长方形天井，将室内外空间连成一片。井坪掘砌青石排水沟和石坪，使排水顺畅。井坪两侧有南北厢房与堂屋卧房，均开设花格窗，使室内光线充足。而堂廊两侧又开设券（侧）门，与横屋或巷道相通。这般理想的空间组合，使看似密集错迭的古民居群，实际上疏密有致，布局有律。其中，位于北部新村院落，建于清道光年间的岁圆楼，共计 3 排 9 栋 66 间，呈方阵分布，占地 12 亩（约 8000m²），建筑面积达 3000 多平方米。其保存完整，为国家重点文物保护单位。

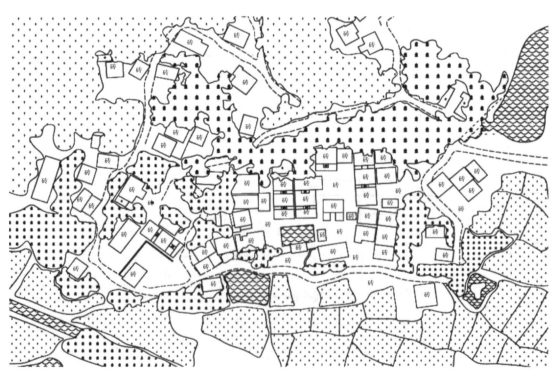

图3.7 零陵许家桥明代将军府平面图

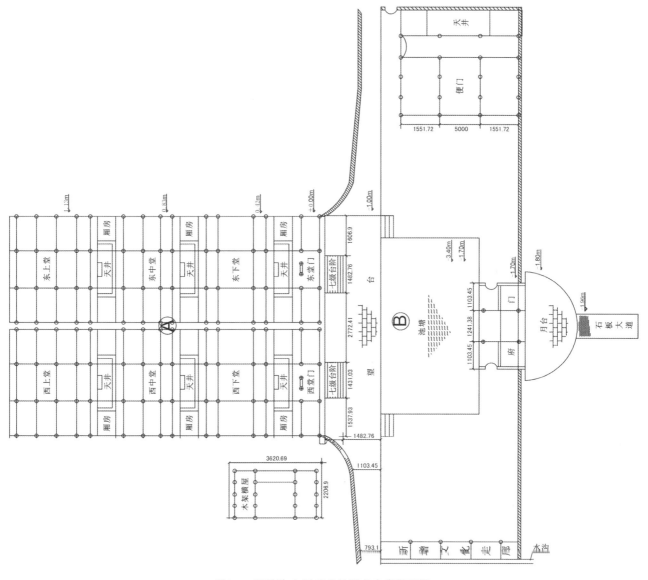

图3.8 零陵许家桥明代将军府府堂平面图

（3）其他"综合型"古民居。

①何绍基故里古建筑群。何绍基故里古建筑群位于道县城东郊的东门乡东门村，较好地保存了进士楼、探花第、东洲草堂等古建筑，还有明清古民居。图3.9、图3.10分别是探花第鸟瞰图、平面图。

图3.9 探花第鸟瞰图

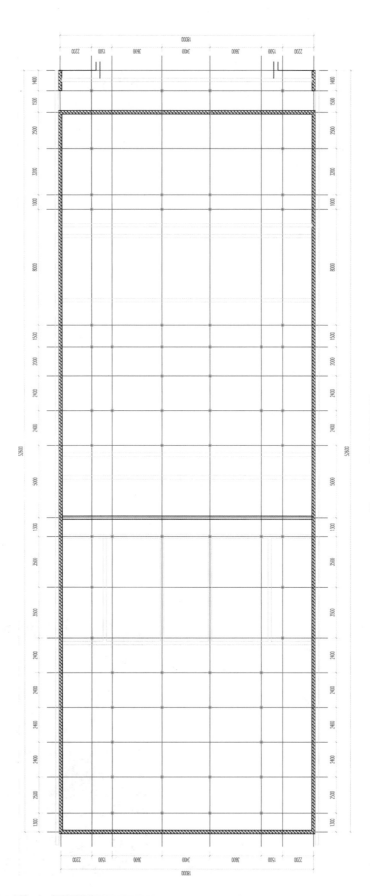

图3.10 探花第平面图

②虎溪村古建筑群。虎溪村建于清顺治九年（1652年），现保存古宅50余座。其中，黄氏宗祠为四进院落，中间两进为过厅和拜殿，最里面为寝殿，用以祭祀黄氏祖先。宗祠主体采用了穿斗屋架，高大的横枋上雕刻着龙首或仙鹿等，生动形象，与两侧高耸的硬山墙体相得益彰。紧邻着宗祠东侧以下门楼"树合山斜"、中门楼"第一家参"和上门楼"气象维新"为核心的三座院子一字排开，且都是内天井外庭院的两进院落式格局。两进院落组成一个独立的单元，有着入口、堂屋、天井、左右厢房等完整的功能区间，通过交错通达的街巷空间

扩张开来。一般设计成四房三间或六房四间，有的分上下厅，中间设天井，天井石条、石板围边垫低，内设暗沟。虎溪村古建筑群鸟瞰图如图3.11所示。

3. "单院型"古民居

"单院型"古民居院落布局较单一，规模小。吕家院位于永州市零陵区珠山镇翻身洞村，为湘南（永州）典型的"单院型"古民居。坐北朝南，依山而建，前为照墙，照墙后为天井，天井后为中厅屋，中厅屋后设天井，天井后为正厅堂，纵线厅屋两侧设对称横屋，横屋并列两栋。吕家院鸟瞰图与平面图如图3.12、图3.13所示。

图3.11　虎溪村古建筑群鸟瞰图

图3.12　吕家院鸟瞰图

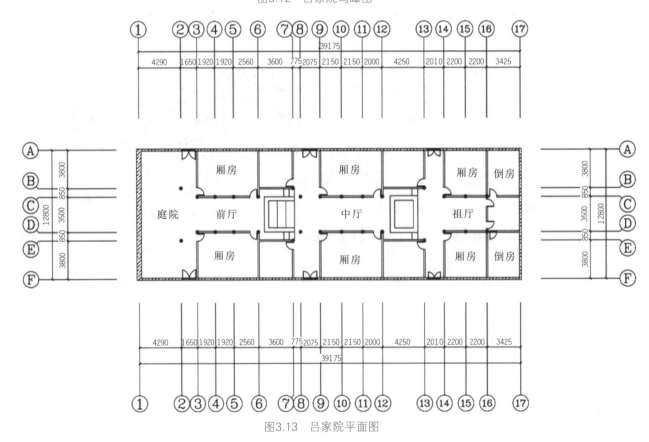

图3.13　吕家院平面图

二、街巷式古民居

街巷式古民居规模庞大，数百栋上千间房屋在排列组合上井然有序、层次分明，主干道和次巷道连接上百栋宅院，最后形成"街中有铺、巷中有宅、院中有街、街中有巷"的空间格局，充分体现了规划的科学性和布局的严谨性。其中，较为典型的有江永上甘棠古村落、宁远下灌古村落、宁远大阳洞古村落。

（1）江永上甘棠古村落。

上甘棠古村落为湘南典型的街巷式布局，周氏十族以"九家门楼十家厅"的格局聚族而居。自村北向东，沿河布置一条宽1.5m的主干道，与主干道垂直交叉处又布置了9条次干道。有主干道即有古民宅，也有古商铺，沿主干道一线分设9个家族门楼。一族人皆自门楼出入，以门楼通道为中轴线，两侧依次排列住宅。各户又以天井组合形成住宅单元，每栋、每排住宅之间都用青石板铺砌的巷道连通。基本民居单元多是正房三开间，中间的为明间，又称厅堂，厅堂不仅是家庭生活的起居空间，而且是祭拜祖先、婚丧嫁娶、寿禧庆典和教化子女的重地。江永上甘棠古村落鸟瞰图如图3.14所示。

图3.14　江永上甘棠古村落鸟瞰图

（2）宁远下灌古村落。

下灌古村落坐落于九嶷山国家森林公园，毗邻九嶷山风景名胜区，建筑年代延续连贯，历唐、宋、元、明、清各朝，有"江南第一村"之称。其规模庞大、气势雄浑、布局有法、空间组合奇异，同宗聚族而居，为典型的古代农业聚居村落，反映出中国传统风水理论指导下的乡村聚落择址模式。

下灌古村落采用独特的主轴与次轴垂直，支次轴又与次轴垂直的院落组合模式，有前厅、拱门、戏楼、内坪等大院落空间，反映出其受外来迁徙宗亲制度的家族聚居生活文化的影响。下灌村有多处同族的宗祠类建筑，如李氏宗祠、诚公祠、昌公祠、宣公祠、旌善祠、大夫祠、豪公祠等。状元老街沿泠江一级台地呈东西向分布，建筑沿街道两侧集中排列，均为南北向布局，前店后市，层高两层，临街面下店上寝，街道采用青石板铺砌。传统民居多

采用一字形布局，个别为凹字形和自由院落式，平面上常见的是一列三开间或五开间。中间堂屋用于祭祀祖先、起居生活和会亲友。堂屋后有过道房。左右间又分为前后两室，前室作为卧室，后室作为灶房。宁远下灌古村落航拍图如图3.15所示。

（3）宁远大阳洞古村落。

大阳洞古村落依《正蒙》《十翼》传达的建筑风水格局，以八卦图中的离、兑、乾、巽、坎等各个卦象，对应宗族八门楼，布局成圆抱式，体现"天人合一"的思想。其中，以古祠、古殿、古桥、古树、古宅等最具标志性。占地数千平方米的古私塾、宗祠、门楼，以及占地数百平方米的大户府邸，分布在村落中心或村落人员聚集之地。其组织肌理和风貌格局为，以主门楼、张氏祠堂为中心轴，沿三条横轴（大街）呈放射状依次展开，经历代扩建成3横8纵36巷。宁远大阳洞古村落航拍图如图3.16所示。

图3.15　宁远下灌古村落航拍图

图3.16　宁远大阳洞古村落航拍图

三、巷式古民居

巷式古民居由数十栋古民居排列组成，再由纵横巷道将一排排古民居分隔开，古巷道错落有序，贯通各家各户。区别于街巷式古民居，巷式古民居没有"街中有巷"或"街为主、巷为次"的典型特征，而是直接以巷道作为交通网络。其中，较为典型的有新田河山岩古村落、新田龙家大院古村落、宁远骆家古村落、零陵大皮口古村落等。

（1）新田河山岩古村落。

河山岩古村落始建于清道光十三年（1833年），历史悠久，有着典型的清代和民国时期的建筑特征。河山岩古村落布局极为讲究，坐西南朝东北，七纵四横，由单家独院又整体呼应的双层楼房组成，山环水绕，檐牙高啄，门关雕花，青石方墩垒脚，青砖白灰砌墙，条石铺路，檐廊衔接。房屋建筑风格极为一致，每一个院落内都有天井、照墙、堂屋、厢房。古巷道旁有排水系统，占古巷道的三分之一，连接各栋传统民居。全村的排水沟前后左右相通，上下首尾相连，形成了完善的排水体系，水流畅通无阻，因此有"溪自墙边淌，门朝水上开"的说法。新田河山岩古村落航拍图如图3.17所示。

图3.17　新田河山岩古村落航拍图

（2）新田龙家大院古村落。

龙家大院至今约有千年历史，整个古村落在塘后呈扇面展开，临塘一面建有护院墙、吊脚楼和两个巷口楼门，为湘南典型的巷式大院。古村落布局整齐划一，功能区分合理，三厅九井、二十四巷、四十八栋明清建筑如同迷宫，每座房屋既自成一体，又相互融合。每座房屋都由门房、堂屋、厢房组成，房屋与房屋之间由天井、屏门、鼓壁相隔。新田龙家大院古村落航拍图如图 3.18 所示。

（3）宁远骆家古村落。

骆家古村落是湘南典型的巷式大院，历史悠久，坐东北朝西南。村落内古建筑众多，形态各异，以宗祠为核心。建筑类型丰富，有清朝初期建成的较小的一进三开间民居，有清朝中期建成的一进三合院式民居，还有清朝末期建成的由前三合、后四合组合形成的大户宅院。村内现存古建筑 40 余处 80 余栋，总建筑面积约 11300m²。古民居独立成栋，通过三横三纵的巷道相连，形成网络式布局。宁远骆家古村落航拍图如图 3.19 所示。

图3.18　新田龙家大院古村落航拍图

图3.19　宁远骆家古村落航拍图

（4）零陵大皮口古村落。

大皮口古村落建于清中期，由 78 座民居宅院组成，其中数十条巷道将一排排古宅院分隔开，属巷式大院。村落在空间上形成"案山—广场—朝门—住宅—主山"的景观轴线，遵循"背靠峰顶，前避峰顶"的准则。村落背山面水，房屋以宗祠为中心集中布置，排列整齐，井然有序。为加强防御，建设有朝门，坐北朝南，为全村形象之地。古民居院落一般为前堂后室，厅屋居前，卧室居后。其中，多座大型院落一般为三进、四进院落等。以东西向整齐排列，形成多条街巷。村落内的巷弄街坊，限定了住宅的用地，形成"街—民居""民居—民居"等的空间布局，街巷与街巷的不同组合也形成了特色各异的空间形态。零陵大皮口古村落航拍图及其街巷布局如图 3.20、图 3.21 所示。

图3.20　零陵大皮口古村落航拍图

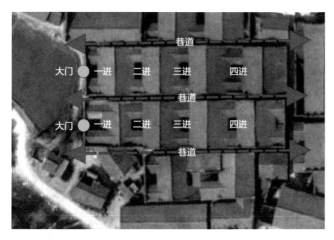

图3.21 零陵大皮口古村落街巷布局示意图

四、宜地式古民居

宜地式古民居受地理环境影响，一般选择山坡或山底宜地而建，多是地处边远山区的汉族村落或湘南山区少数民族村落。每栋古民居依山势而建，高低不等、错落不平，与湘南传统建筑"中和""中轴"的布局意识不符，建筑物也无规律，但阶梯式

的巷道将大院民宅户户连通。其中，较为典型的有宁远小桃源村、零陵杏木元村、零陵赵家湾古建筑群、祁阳云腾村宋正冲古村落等。

（1）宁远小桃源村。

小桃源村依山而建，整个村子像一个大扇形。大部分民居在建筑时，都是就地取材，因村庄地势高差极大，有些房屋的基础砌条石达2.5m高。整个村子设计合理，房屋错落有致，都是江南地区少有的窨子屋。独立的建筑多以院落式组织，院落方正，平面中轴对称，最内一进为堂屋和正房，前面分布厢房和耳房，其结构体现了儒家宗法制度下尊卑有序、嫡庶有别的观念。间间相连、户户相邻的格局又维持了宗法血缘的紧密关系。天井结构十分普遍，其物理功能是透气、采光和排水。天井连天井，厅堂连厅堂，浑然一体，屋宇绵延，檐廊衔接，建筑群规模宏大，结构严谨，布局巧妙，设计别具一格。宁远小桃源村如图3.22所示。

图3.22 宁远小桃源村

（2）零陵杏木元村。

杏木元村位于永州市零陵区石岩头镇，东北距零陵城区55km，背倚都庞岭余脉黄花岭东麓虎头山，隔千亩良田有雄伟的九岗岭拱卫于前。因村内无论是房屋还是道路、护坡等都用石头砌筑，形如城堡，所以又称"石头城"。它始建于明永乐二十二年（1424年），至今已有近600年的历史，现有居民200余户，近1000人。

杏木元村古建筑群有明清古建筑40余座，且保存完好，是湘南最典型的宜地式建筑群。古村落依山势从山脚向上层层递建，充分利用山坡石头之间的有利地形建造房屋，房屋大小不一，形状不同，错落分布而又井然有序。村中的房屋可分为三种类型：第一种是正屋。正屋进深和面阔都大于12m；屋脊高度分三等——一丈七尺六寸（5.86m），一丈九尺六寸（6.53m），二丈一尺六寸（7.2m）。结构特点是有照墙、山墙和后墙，照墙和山墙都是硬山，而后墙则为悬山；照墙中间开前门（当地人又称中门），或两边山墙接近照墙处开大门相对，即槽门。第二种当地称之为栏槛屋。栏槛屋没有照墙、天井和厢房，相当于正屋的后半部分；在距山墙前端1m处装木壁板为墙，壁板外空出的1m为檐下走廊，壁板的中部开大门，从走廊直接进入堂屋（明间）。第三种是小屋。小屋的空间狭小，结构布局十分随意，有一排木架或无木架，有一柱或三柱，也有无柱的，直接将檩条两端搁在两边的山墙上。零陵杏木元村古建筑群及总平面图如图3.23、图3.24所示，单体建筑平面图如图3.25所示。

图3.23　零陵杏木元村古建筑群

图3.24　零陵杏木元村古建筑群总平面图

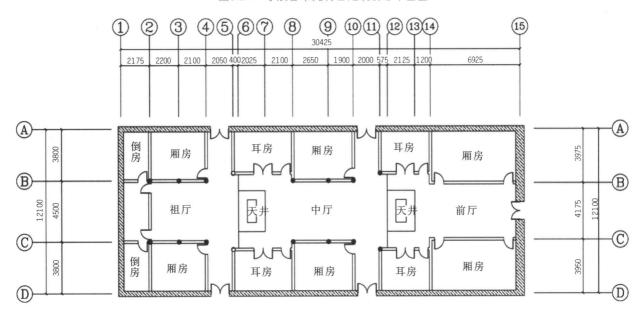

图3.25　零陵杏木元村古建筑群单体建筑平面图

（3）零陵赵家湾古建筑群。

赵家湾古建筑群位于永州市零陵区大庆坪乡田家湾村赵家湾自然村，始建于清康熙年间，现存建筑建于清末至民国初年。整个建筑群依山势而建，由数十座小院相连组合而成。赵家湾古建筑群规模宏大，占地面积80余亩（约5.33万平方米），房屋98栋，大小巷道24条，总建筑面积约15680m²。每座小院分前天井、前堂屋、中天井、后堂屋。清早期房屋为一层，民国时期房屋为二层，小院占地面积400余平方米。赵家湾古建筑群鸟瞰图、总平面图如图3.26、图3.27所示，单体建筑平面图如图3.28所示。

图3.26 赵家湾古建筑群鸟瞰图

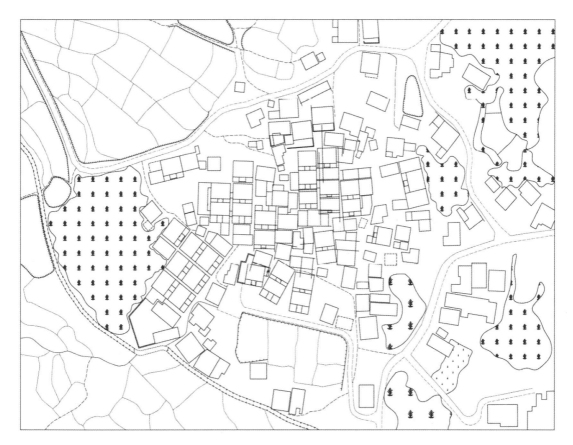

图3.27 赵家湾古建筑群总平面图

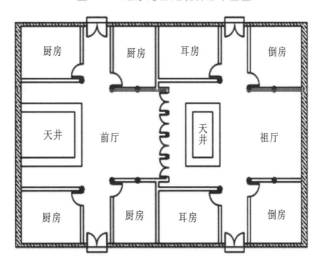

图3.28 赵家湾古建筑群单体建筑平面图

（4）祁阳云腾村宋正冲古村落。

宋正冲古村落坐落于祁阳市七里桥镇云腾村马颈坳深山谷，唐姓先祖于明末由零陵迁入，清代自成村落。其东、南、西均靠群山，依山地而建，为湘南典型的宜地式村落。建筑布局南高北低，一条坡路自南往北将古村落分开；原始溪沟宽1.5m，紧靠坡路，自上往下从村中经过；坡路两侧建宅院、民宅。清代以前建筑均为宅院，建在坡上，民国时期建筑建在坡中，数条石阶坡路连接村落各宅院、民宅。宅院、民宅朝向不一，大致坐东朝西或坐西朝东。土坯木架结构，盖小青瓦，瓦面为双面人字水，5～7瓦（5～7步水）置格窗，前置吊瓜，前、后挑出，楼阁式，均置晒楼（吊脚楼）。宋正冲古村落如图3.29所示，为湘南最具民族特色的传统建筑。

图3.29　云腾村宋正冲古村落

第二节 湘南（永州）宗祠布局

宗祠是湘南古院落的重要组成部分，一般以姓氏定名，如零陵许氏宗祠，宁远李氏宗祠、奉氏宗祠、骆氏宗祠、东安头翰林祠，蓝山虎溪村黄氏宗祠，道县何氏宗祠等。

湘南明清宗祠布局始终融入中国传统的"中和"思想，均以大门为中轴点对称分布。明清宗祠，最大的区别为戏台，清代以后，宗族子孙繁衍，追求文化生活，因此戏台成为宗祠重要的组成部分。湘南（永州）传统村落宗祠如图3.30所示。

下灌村李氏宗祠

宁远大界村奉氏宗祠

虎溪村黄氏宗祠

东安头翰林祠

骆家村骆氏宗祠

新田谈文溪家庙

图3.30　湘南（永州）传统村落宗祠

（1）零陵许氏宗祠。

零陵许氏宗祠，位于零陵区梳子铺乡许家桥村，始建于明初，坐东朝西，由前门楼、中堂、天井、正堂组成，正堂为三进三开间，天井两侧为厢房、过亭。许氏宗祠平面图如图3.31所示。

（2）下灌村李氏宗祠。

下灌村李氏宗祠，位于宁远县湾井镇下灌村，建于清代，坐北朝南，中轴线上自南而北依次为大门、戏台、厅堂，两侧为楼房、厅堂，面阔三间，

进深三间。李氏宗祠平面图如图3.32所示。

（3）东安头翰林祠。

东安头翰林祠，位于宁远县湾井镇东安头村，为该村公益性建筑。始建于清乾隆元年（1736年），为纪念村民——明弘治三年（1490年）庚戌钱福榜进士李敷而建。整座翰林祠由水塘、月台、牌坊、门厅、戏楼、观戏楼、天井、下厅、上厅、道厅和树德堂组成，依次递进，主体建筑占地面积1364.3m²。东安头翰林祠平面图如图3.33所示。

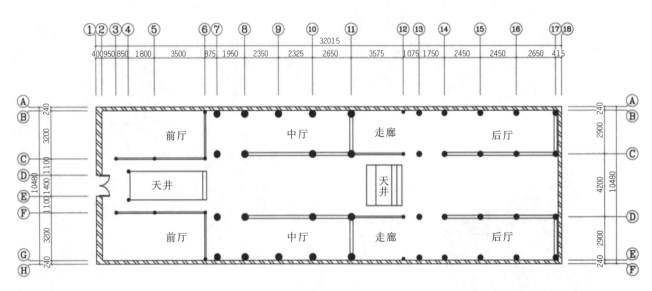

图3.31　许氏宗祠平面图

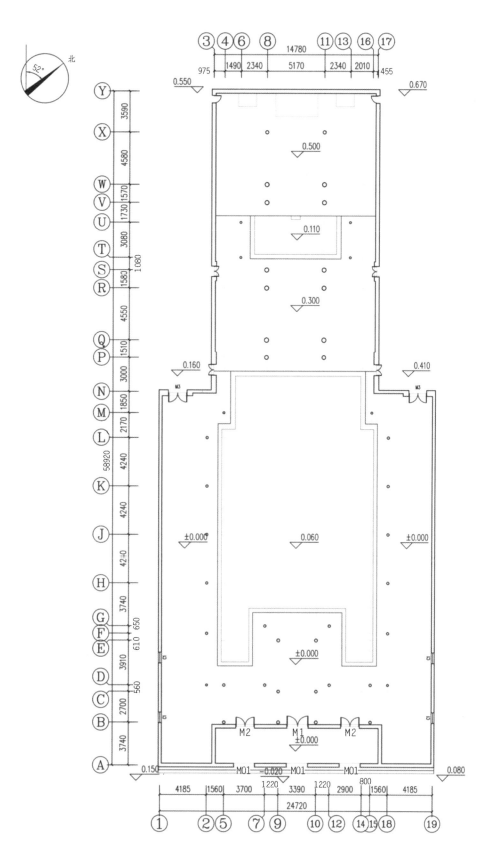

图3.32　李氏宗祠平面图

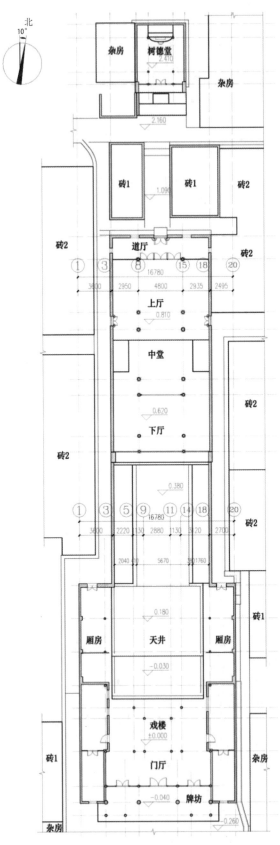

图3.33　东安头翰林祠平面图

（4）大界村奉氏宗祠。

大界村奉氏宗祠，位于宁远县水市镇大界村。大界村奉氏宗祠坐南向北，前有月台、水塘，后倚奉家村居，坐落于豆塘古建筑民居群中间；远靠三界雄峰，东有远山九嶷群峰，西有丘陵平地。宗祠由牌楼、戏楼、厢房、回廊、中厅、上厅、月池组成，布局制式为单路三进，建筑占地面积为1011.12m²，月池占地面积2066m²。大界村奉氏宗祠平面图如图3.34所示。

（5）虎溪村黄氏宗祠。

虎溪村黄氏宗祠，是方圆百里闻名的大宗祠。长68m，宽32m，垛高27m，分上、中、下三厅。上厅设黄氏宗族列祖列宗神位，中厅设议事房、厨房，下厅为古戏台。四进院落，中间两进为过厅和拜殿，最里面为寝殿，用来供奉黄氏祖先的牌位。入口的屋顶处不仅做了天花，屋檐处还做了卷棚轩，华丽柔美，两侧山墙上还保留了前人绘的彩画。宗祠主体采用了穿斗屋架，高大的横枋上有着许多以龙首、仙鹿等为题材的精美雕刻，生动形象，与两侧高耸的硬山墙体相得益彰。宗祠屋脊，有用桐油石灰塑造的奇禽异兽，用以压邪。戏台有两根台柱，柱上置精雕细刻的倒悬木狮一对。左右两门，上书"出将入相"，后设候演室、化妆间。台栏镶有"八仙过海，龙凤呈祥"的精美浮雕。古戏台顶棚，为三层式藻井，既通风散烟，又可消除回音、噪声，颇为科学。祠内天井，祠外余坪，以青石条、石板铺就，祠门左右均有彩墨装饰画。当心间的拱门上大书"黄氏宗祠"四个大字，左右两侧分别书写着："山廻""水静"，一语道破了虎溪村的自然之美。虎溪村黄氏宗祠平面图如图3.35所示。

（6）宁远骆家村骆氏宗祠。

宁远骆家村骆氏宗祠，位于村前的中心部位，原宗祠始建于清乾隆三十六年（1771年），后于清咸丰六年（1856年）被毁。重修时迁至现址，先建了两厅，后建了戏楼，可分为前、中、后三个部分。整体由戏楼、两侧厢楼、议事厅、祭祀厅组成。戏楼面阔19.7m，议事厅面阔11.4m，总进深55.3m。整个戏楼和宗祠的建筑格局，就像一个大的喇叭筒，有非常好的扩音效果。宁远骆家村骆氏宗祠平面图如图3.36所示。

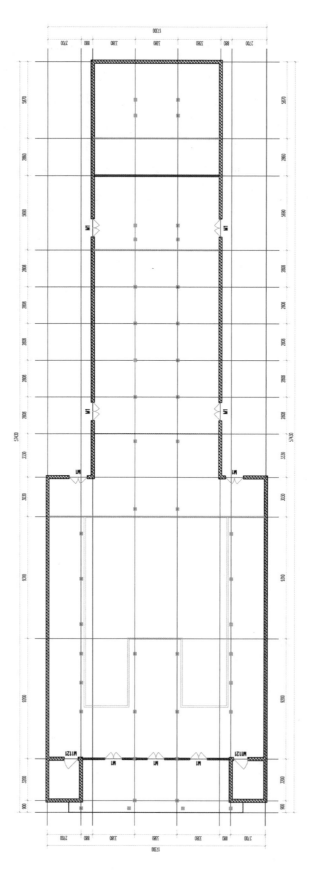

图3.34　大界村姜氏宗祠平面图

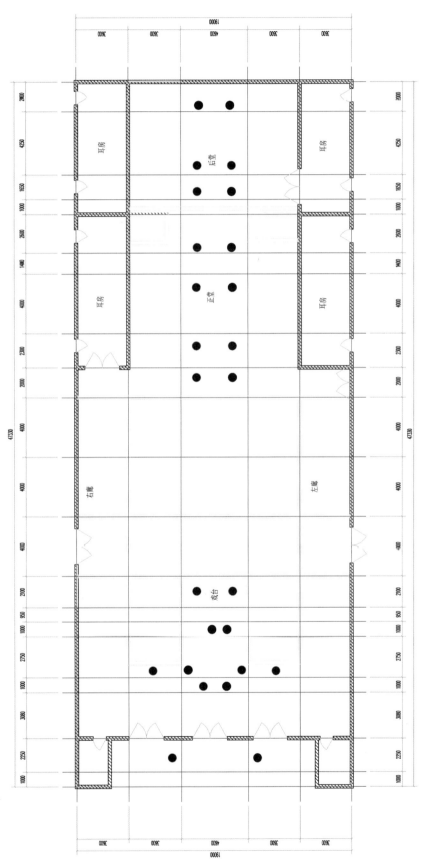

图3.35 虎溪村黄氏宗祠平面图

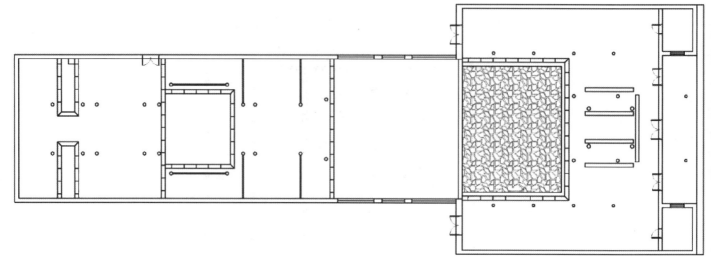

图3.36　宁远骆家村骆氏宗祠平面图

第三节　湘南（永州）宗教建筑布局

一、寺庙

湘南（永州）寺庙众多，性质多样。一般采用传统的纵向中轴对称院落组合式布局，中轴线上自前往后依次为山门、正殿，两侧为厢房。其中，较为典型的有宁远文庙、零陵文庙、宁远舜帝庙、零陵武庙、零陵柳子庙、江永盘王庙等。

（1）宁远文庙。

宁远文庙建筑布局与山东曲阜孔庙大体相似，均为宫殿式建筑，由泮池、棂星门、大成门、看坪、五龙丹墀、月台、大成殿、崇圣祠等组成，两侧为东西两庑。宁远文庙总平面图如图3.37所示。

（2）宁远舜帝庙。

宁远舜帝庙坐北朝南，中轴线上自北往南有午门、拜亭、正殿、寝殿等，两侧为厢房。

（3）零陵武庙。

零陵武庙以山门为中轴点，进山门为游廊，登游廊而上五龙丹墀，进抱厦，进大殿。

（4）零陵柳子庙。

零陵柳子庙为湘南典型的古代庙宇建筑。以大门为中轴点，进大门为戏台，过戏台为看坪，过看坪拾级而上为中殿，过中殿拾级而上为正殿，两侧为厢房。柳子庙为国家级重点文物保护单位，是永州人民为纪念唐代著名思想家、文学家柳宗元而修建的祠庙，南宋绍兴十四年（1144年）迁建于此，现存庙宇为清光绪三年（1877年）重建，具有较高的历史、艺术价值。零陵柳子庙平面图如图3.38所示。

（5）江永盘王庙。

江永盘王庙位于江永县城西南约30km的兰溪瑶族乡，鼎建于唐天祐二年（905年），后经历代重建、扩建而成。现存主体为清代建筑，总面阔19.1m，总进深44.4m，占地面积848m²。由门厅、戏台、天井、左右厢廊及正殿组成合院式建筑群。江永盘王庙平面图如图3.39所示。

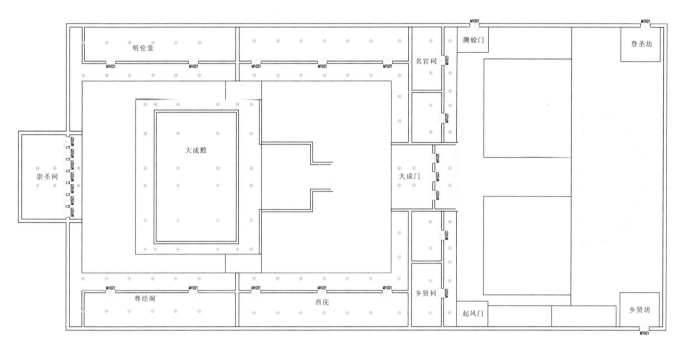

图3.37　宁远文庙总平面图

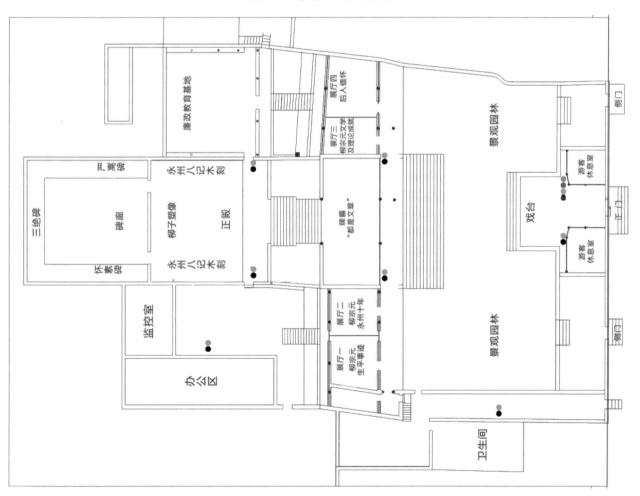

图3.38　零陵柳子庙平面图

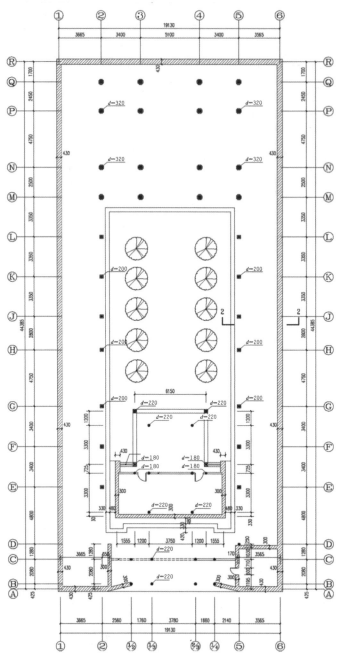

图3.39　江永盘王庙平面图

二、阁楼式宗教建筑

湘南还普遍存在阁楼式的宗教建筑，布局各具特色，如江永上甘棠文昌阁和香零山观音阁。

（1）江永上甘棠文昌阁。

文昌阁始建于南宋年间，面阔、进深均为10.5m，共4层，高约22m，占地面积108m²，外观似城墙箭楼。一、二层为砖楼，青砖清水墙，高

9m，开小式窗，墙身开券窗；三、四层为木楼，全木结构，抬梁做工考究，童柱所骑驼峰均采用莲花瓣座。屋面为青瓦歇山顶，斗栱飞檐，共三重檐；整体庄重稳定，蔚为壮观。

（2）香零山观音阁。

观音阁位于永州市零陵区南津渡办事处香零山潇水中央，建于清光绪年间。为阁楼式的庙宇建筑，北为阁，南为楼，两开间，建筑面积250m²。

第四章

湘南（永州）古建筑
形制与结构

湘南（永州）古建筑形制是中国古建筑中的典型，且自成体系，自秦统一六国，加之两次南迁后文化交融、民族融合，湘南（永州）古建主要形式大同小异。各式建筑结构示意图见附录。以下主要从屋顶形制、结构等方面进行介绍。

第一节 湘南（永州）古建筑屋顶形制

一、庑殿

庑殿，即庑殿式屋顶，是古代传统建筑中的一种屋顶形式，宋朝时称"五脊殿"，清朝时称"四阿顶"，姚承祖《营造法原》称之为"四合舍"。

传统形制体系定型后，庑殿建筑成为房屋建筑中等级最高的形式。庑殿陡曲峻峭，屋檐分单檐与重檐，宽深庄重、气势雄伟，在封建社会是皇权、神权等统治阶级的象征。因此，庑殿多用于宫殿、坛庙、重要门楼等高等级建筑上，官府及庶民禁止使用。永州境内的宁远文庙、宁远舜帝庙等，都是庑殿建筑。湘南（永州）庑殿建筑式样如图4.1所示。

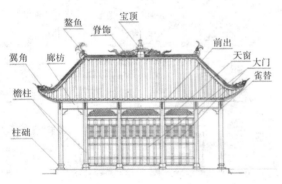

图4.1 湘南（永州）庑殿建筑式样图

二、歇山顶

歇山顶，即歇山式屋顶，宋朝时称"九脊殿""曹殿""厦两头造"，清朝时改称歇山顶，在规格上仅次于庑殿。歇山顶共有九条屋脊，一条正脊、四条垂脊和四条戗脊，因此又称九脊顶。若加上山面的两条博脊，则共有脊十一条。由于其正脊两端到屋檐处中间折断了一次，好像"歇"了一歇，故名歇山顶。

歇山顶上半部分为悬山顶或硬山顶的样式，下半部分则为庑殿的样式。其结合了直线和斜线，给人棱角分明、结构清晰的感觉。屋顶两侧的三角形墙面，叫作山花；山面有博风板，山花和博风板之间有段距离可形成阴影。为了使屋顶不过于庞大，山花需从山面檐柱中线向内收进，称"收山"。歇山顶屋脊上有各种脊兽装饰，其中正脊上有吻兽或望兽，垂脊上有垂兽，戗脊上有戗兽和仙人走兽，它们在数量和用法上都有严格的等级限制。

歇山顶分为单檐和重檐。重檐，就是在基本层歇山顶的下方再加上一层屋檐，和庑殿第二檐大致相同。典型的重檐歇山顶建筑如零陵武庙、零陵文庙、零陵柳子庙戏台、东安广利桥亭阁、江永勾蓝瑶寨黑凉亭。重檐歇山顶、卷棚歇山顶建筑式样如图4.2、图4.3所示。

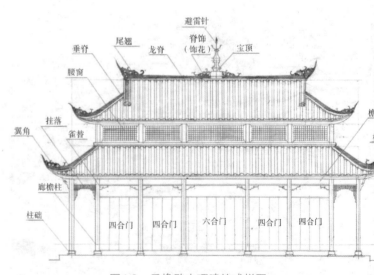

图4.2 重檐歇山顶建筑式样图

图4.3 卷棚歇山顶建筑式样图

三、悬山顶

悬山顶，即悬山式屋顶，因其两山部分处于悬空状态而得名，宋朝时称"不厦两头造"，清朝时称"悬山""挑山"，又名"出山"，等级上低于庑殿和歇山顶，仅高于硬山顶。悬山顶仅用于民间建筑，在湘南（永州）建筑中最为常见。

悬山顶是两面坡屋顶的早期样式。悬山顶有一条正脊、四条垂脊，各条桁或檩不像硬山顶那样封在两端的山墙中，而是直接伸到山墙以外，以支托悬挑于外的屋面部分。也就是说，悬山顶建筑不仅有前后檐，而且两端还有与前后檐尺寸相同的檐。悬山顶（砖木结构）建筑式样如图 4.4 所示。

四、硬山顶

硬山顶，即硬山式屋顶，由于其屋檐不出山墙，故名硬山。硬山顶是明、清时期湘南（永州）传统建筑最普遍的双坡屋顶形式，房屋的两侧山墙同屋面齐平或略高出屋面。和悬山顶不同，硬山顶最大的特点就是其两侧山墙把檩头全部包封住。

硬山顶屋面以中间横向正脊为界分前后两面坡，左右两面山墙或与屋面平齐或高出屋面，高出的山墙称封火山墙。其主要作用是防止火灾发生时，火势顺房蔓延。硬山顶是两坡出水的五脊二坡式，属于双面坡的一种，特点是有一条正脊、四条垂脊，形成两面屋坡。左右侧面垒砌山墙，多用砖石，高出屋顶。屋顶的檩木不外悬出山墙，屋面夹于两边山墙之间。硬山顶（民宿砖木结构）建筑式样如图 4.5 所示。

五、盔顶

盔顶多用于碑、亭等礼仪性建筑。其特征是没有正脊，各垂脊交会于屋顶正中，即宝顶。在这一点上，盔顶和攒尖顶相同，不同的是，盔顶的斜坡和垂脊上半部向外凸，下半部向内凹，断面如弓，呈头盔状。盔顶建筑式样如图 4.6 所示。

六、攒尖顶

攒尖顶建筑的屋面在顶部交会于一点，形成尖顶。湘南（永州）攒尖顶建筑中较为典型的有零陵廻龙塔、祁阳文昌塔等。单檐攒尖顶建筑式样如图 4.7 所示。

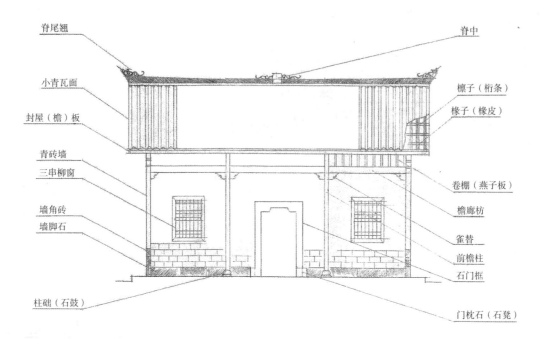

脊尾翘
脊中
小青瓦面
檩子（桁条）
封屋（檐）板
椽子（橼皮）
青砖墙
卷棚（燕子板）
三串柳窗
檐廊枋
墙角砖
雀替
墙脚石
前檐柱
石门框
柱础（石鼓）
门枕石（石凳）

图4.4　悬山顶（砖木结构）建筑式样图

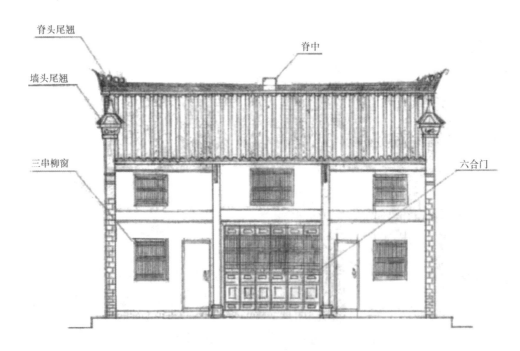

脊头尾翘
脊中
墙头尾翘
三串柳窗
六合门

图4.5　硬山顶（民宿砖木结构）建筑式样图

图4.6　盔顶建筑式样图

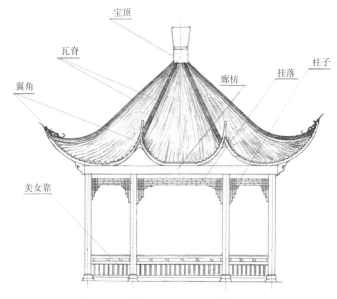

图4.7　单檐攒尖顶建筑式样图

第二节　湘南（永州）古建筑结构

一、台基

1.台基的高度

台基高度是封建等级制的反映。中国封建社会对台基高度有明确规定，《大清会典事例》载有清顺治十八年（1661年）关于台基高度的规定：公侯以下三品以上房屋台基高二尺，四品以下至士民房屋台基高一尺。

不过对比一些实物可发现，清代工匠并没有呆板地遵循这个规定。清代工匠习惯的做法：对于庑殿庙宇等主要建筑，其台基高度通常为地面到檐下梁底部高度的1/4，台基边缘到檐柱的水平距离（也叫下出）等于上出檐的3/4；对于一般房屋，台基高度是柱高的1/5，下出等于上出檐的4/5。

2.台基的轮廓

方直轮廓的台基最为常见。一般台基露明部分

之下，用一层条石衬平，其上皮比地面高出1～2寸（1寸≈3.33cm），叫土衬石。土衬石外边比台基宽出2～3寸，是金边。台基四角转角处有角柱石，台基露明部分的上皮平铺一层条石。阶条之下，土衬之上，立放的一层石板叫陡板石。有时，石料短缺，陡板石部分可用条砖替代。图4.8所示为许家桥明代将军府台基照，图4.9所示为许家桥明代将军府台基立面图。

图4.8　许家桥明代将军府台基照

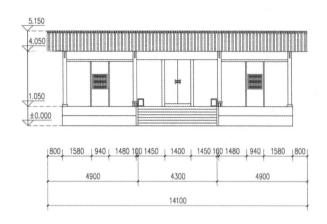

图4.9　许家桥明代将军府台基立面图

二、踏跺、栏杆

由于台基有一定高度，需要敷设阶梯以便上下，布置栏杆用于安全防护。最普遍的做法是在中间铺设一级一级的条石，如果从下往上，级石逐步减短，那么此阶梯叫作如意踏跺；如在踏跺两旁依斜度各安一条垂带石，那么此阶梯叫作垂带踏跺，两条垂带常和檐柱中线对齐。踏跺式样如图4.10所示。

踏跺石的尺度依清工部《工程做法则例》载"其宽自八寸五分至一尺为定，厚以四寸至五寸为定"，与宋代《营造法式》所记比较一致。

台基四周的栏杆，多为石作。其构造多是在条石上先放置一条连续的方断面条石，即地伏；地伏之上再按一定距离立望柱、安栏板。多数石栏杆式样是模仿木栏杆的巡仗栏杆式，只是由于材料的限制，望柱排列较密，常在四尺左右。石栏杆上的雕饰类别多样，庑殿用汉白玉石雕，庙宇园林一般用青石雕刻，部分明代石栏板上雕刻人物故事场景。

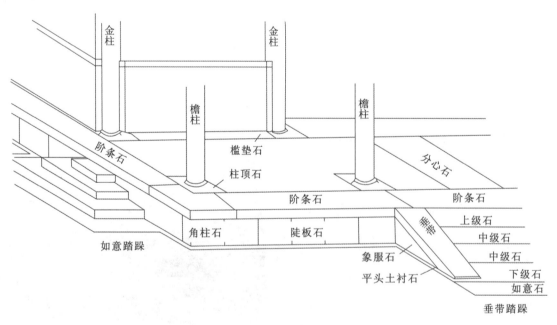

图4.10　踏跺式样图

三、柱架细部

柱架式样如图 4.11 所示。

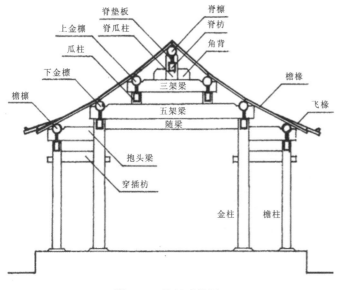

图4.11　柱架式样图

1. 柱子

柱子是房屋中直立的主要承压构件，是决定单体建筑规模、尺度的重要因素。柱子有圆形、方形、八角形等几种断面形状，其中圆形占大多数。习惯上不同位置的柱子有不同的称呼，主要有以下四种。

凡是檐下最外一列柱子，不论前后或两侧，都称作檐柱。在檐柱以内的柱子，除在建筑物纵轴线上的，都称作金柱。在建筑物纵轴线上，顶着屋脊，而不在山墙里的，都称作中柱。在山墙的正中一直顶到屋脊的称作山柱。

2. 梁架

梁是承弯构件，瓦屋顶的重量通过檩梁传递到直立的柱身。一般梁断面是矩形，但在湘南很多建筑使用圆形断面梁，以节约用材。

每根梁的具体称呼，依据其所在位置承托檩条数量的多少而定。例如，许家桥明代将军府门楼的上一层水平梁托，有檩条三根，叫三架梁；而下一层水平梁托，有檩条五根，叫五架梁。此外，若是有廊的建筑，在檐柱与金柱之间另有短梁，在没有斗栱的建筑中，梁头方直，叫抱头梁；在有斗栱的建筑中，梁头特地做成较复杂的挑尖形式，好像一顶道冠，故叫挑尖梁。这根短梁并不承重，只起勾搭联络作用。在廊深较大时，抱头梁还可以再加一根瓜柱、一条梁和一根檩子。这时，下层的叫双步梁，上层的叫单步梁。明清式卷棚顶建筑的最上一层梁，形似月亮，叫月梁，也叫顶梁。梁架结构如图 4.12 所示。

许家桥明代将军府门楼梁架结构

江华井头湾上门楼梁架结构

图4.12　梁架结构

3. 枋

枋的作用以柱头间勾搭联络为主，有时承受重量，成为承弯构件。枋木断面和梁断面相同，也是矩形。而枋的名称也因所在位置不同而不同，例如，在脊瓜柱间者名脊枋，在金瓜柱柱头间者名金枋，在檐柱柱头间者名檐枋或额枋。至于有廊的建筑，在檐柱头与金柱间还有穿插枋；重檐的建筑，在金柱柱腰之间还有承椽枋。枋结构如图4.13所示。

4. 短柱

屋架中的两层梁间或檩梁之间须用短木支托填充，当支木高度超过本身宽度时，叫作瓜柱，反之叫驼墩。瓜柱按位置的不同可分为脊瓜柱、金瓜柱等。由于举架的关系，脊瓜柱较高，柱脚常有角背支撑，以免倾斜。在高层建筑中，放在横梁上，下端不着地，而上端的功用和位置与檐柱、金柱相同的是童柱。

双牌塘基上村粮仓枋结构

祁阳元家庙森玉堂穿插枋

图4.13　枋结构

四、直托屋面用材

1. 檩

檩是承弯构件，断面多半为圆形，在檐柱柱头上的叫檐檩，在脊瓜柱上的叫脊檩，在二者之间的檩条叫金檩。若是七檩以上的屋顶，檩数增加，则可用上金檩、中金檩、下金檩等名称加以区别。

2. 椽与飞椽

檩与檩间，与檩条垂直方向钉排的圆木叫椽。椽在檩上，直径约为檩的1/3，椽子净距依一椽径排列。最上一排与扶脊木接触的叫脑椽，卷棚式没有正脊，也不设扶脊木，顶部用弯曲的罗锅椽。在各金檩上的椽子都叫花架椽，也因位置不同而有上、中、下的区别。最下一排椽子叫檐椽，里端放在金檩上，外端伸出檐檩之外。

在大式建筑中，每根圆形断面的檐椽上还要加钉一截方形断面的飞椽，以增加挑出的深度。在永州地区，因屋顶不苫泥背，重量小，故不用圆形椽子，改用扁木，厚不过一二寸，称椽皮（板）。

在每根檩上，钉放一条木板，做成一排圆洞，使椽皮通过，叫作椽椀。

在脊檩上，一条六角断面木件叫作扶脊木。在其前后向下的斜面上，也做成一排圆洞以承受脑椽上端。

在檐椽下端用扁木将椽头连住的，称作小连檐；同样，在飞椽端部用五角形方木将椽头连住的，称作大连檐。小连檐之上飞椽之间，为防鸟雀飞入，钉整块木板的叫里口木，分别用小板封死的叫闸挡板。

椽子上面满铺一寸左右的木板，叫作望板。板的方向与椽身垂直的，叫横望板；与椽身平行的，叫顺望板。大连檐上再钉一条窄木板，板上端按瓦陇大小，做成椀子，承受滴水瓦的叫作瓦口。

3. 举架

举高指屋架的高度，常根据建筑的进深与屋面材料而定。举架，宋朝称"举折"，是指木构架相邻两檩中的垂直距离除以对应步架长度所得的系数，作用是使屋面呈一条凹形优美的曲线。越往上越陡，利于排水和采光。

从檐枋到金枋和从金枋到脊枋的水平距离是依前后檐柱的进深等分而成的，每份叫作一步架。

从檐枋到金枋的垂直距离是按五举得出的，如按檐步 3 尺乘 50% 得到垂距 1.5 尺；从金枋到脊枋的垂直距离是按七举得出的，如按脊步 3 尺乘 70% 得到垂距 2.1 尺。由此可知，举架直接决定了屋顶坡度。在五檩大木的情况下，进深较小，举架最高为七举，如果是七、九、十一檩，脊步举架就要高到八九举。举架使得木构建筑的瓦坡是曲线，而非直线，且曲线越往上越陡峻，越往下越和缓。

4. 斗栱

斗栱为中国古建筑特有的一种结构。在立柱顶、额枋和檐檩间或构架间，从枋往上加的一层层探出成弓形的承重结构叫栱，栱与栱之间垫的方形木块叫斗，合称斗栱。湘南地区的斗栱多为装饰，是古建筑等级的象征。

5. 雀替

雀替是清式名称，宋代称角替，又称插角或托木，是中国古建筑中的特殊构件，安置于梁或阑额与柱交接处，以协助承托梁枋，可以缩短梁枋的净跨距离。也用于柱间的挂落下，或为纯装饰性构件。湘南地区称其为"撑角"，在湘南（永州）古建筑中普遍存在，多起装饰作用，湘南（永州）民宅梁架雀替如图 4.14 所示。

6. 驼峰

驼峰也叫驼墩，梁上垫木，用以承托上面的梁头，状如驼峰。湘南称之为"云柁子"，湘南（永州）民宅梁架驼峰如图 4.15 所示。

坦田何氏祠堂雀替

宝镜村下新屋雀替

图4.14　湘南（永州）民宅梁架雀替

宁远骆家村古民居驼峰

双牌塘基上古民居驼峰

双牌塘基上古民居驼峰

道县楼田村古民居驼峰

图4.15　湘南（永州）民宅梁架驼峰

7. 卷棚

卷棚是屋顶前后两坡交界处不用正脊，而做成弧形曲面的屋顶。有卷棚悬山、卷棚歇山等样式。屋顶外观卷曲，舒展轻巧，多用于古建筑装饰，在湘南（永州）古宅中是等级的象征，如图 4.16 所示。

8. 翼角

庑殿或歇山顶都有四个外转角，其轮廓不是直线而是像鸟翼般展开的曲线，故通称这一部分为翼角，湘南（永州）古建筑中翼角具有自身独特的个性。翼角架结构示意图如图 4.17 所示。

零陵文庙大成殿前卷棚

新田虎溪村何氏祠堂戏台卷棚

宁远骆家村古民居卷棚

图4.16　湘南（永州）古建筑卷棚

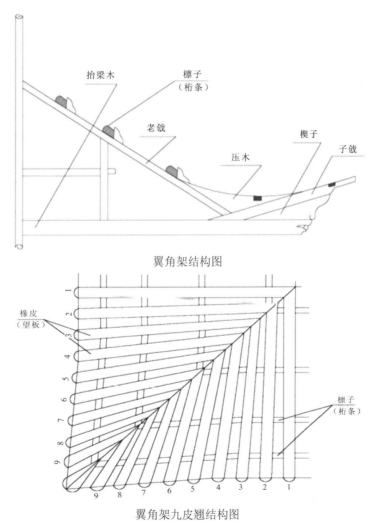

翼角架结构图

翼角架九皮翘结构图

图4.17　翼角架结构示意图

9. 藻井

天花是遮蔽建筑内顶部的构件，而建筑内呈穹

窿状的天花则称作藻井。这种天花的每一方格为一井，饰以花纹、雕刻、彩绘。在湘南（永州），祠、庙及高等级的建筑中多置藻井，如图 4.18 所示。

零陵文庙大成殿内藻井

新田谈文溪家庙藻井

图4.18　湘南（永州）古建筑藻井

第三节　湘南（永州）古建筑结构典型案例

一、宅院（古民居）

1.许家桥明代将军府府堂

许家桥明代将军府府堂原为砖木结构、人字形硬山封火山墙，盖小青瓦，没做白色瓦头，原有滴水、瓦当。府堂建于台基中心线两侧，是面阔两栋、进深四栋，共计两列八栋建筑的统称，每列相对应的房屋形制、规模、布局、结构与装饰都相同。每列后栋比前一栋高40cm。府堂由东、西（左、右）堂门，东、西下堂（左、右堂，古时称东、西堂），中堂，上堂等组成，面阔28.2m，进深42m，建筑面积1182m²。许家桥明代将军府府堂建筑图样如图4.19所示。

东、西堂门：府堂一进为东、西堂门，为将军府二重门，两堂门建制及结构一样，宽12.6m，进深6.6m，高4.1m，四排梁架，每排有木柱三根，面阔三间，进深两间。穿斗抬梁式，门中中间中柱与前、后檐柱均置莲花形云栌子。云栌子雕龙、凤、鹿、缠枝花卉等图。前槽是双步梁，一步梁用雕刻成莲花形的云栌子代替撑瓜。二步梁为月梁，

前端伸出柱外成挑檐枋承重檐檩，月梁之上置莲花形云栌子和雕刻成的驼峰以承托各梁和檩条，抱头梁下置鱼化龙形雀替。前槽实际上是轩廊，用规整的青石板铺成，进深2.1m。廊边铺长条形阶条石。后槽亦为三步梁，枋梁无雕刻，但各梁之间亦有雕刻着卧鹿、飞凤等形状各异的驼峰瓜柱。堂门后槽设玄关，玄关置三开门，中为正门，两侧为侧门，平时一般客人从侧门进；重要、高等级的客人从正门进。

明间是大门，有石门槛，门额上装木栅栏，过堂门二进是下堂。宽与堂门相同，深8.7m，高4.8m。面阔三间，进深三间，前部为厅堂，明间、次间相通，整堂宽敞明亮，东为仪堂，西为演武堂。后部为天井与两侧厢房。厅堂有四排梁架，中间两排为四柱七架三级抬梁式结构，每排四柱，使用了减柱之法以增加空间。三架梁和五架梁的两金柱之间下方装顺串梁以承重五架梁，金柱顶搁金檩。金柱与前后檐柱之间是三步梁。三步梁的前端伸出檐柱外成挑檐枋。堂前后通透无墙壁。厅堂所用梁、枋及木柱均用整体木料做成，端庄、厚重而敦实，如顺串梁高36cm，厚22cm，高厚比约七比四。三架梁高达23cm，厚16cm。梁、枋的四角去楞，呈圆角状。三架梁和五架梁上的驼峰、角背被雕刻成莲花、动物等形状，手法简洁，形象朴实，形态大方。两边

靠山墙的是排山柱，木柱五根，穿斗抬梁式结构。但次间各柱之间的穿枋却是扁方形，用四根小方木料拼合而成，显然各柱之间的穿枋不是同一个时代所制。天井与堂门后的天井相同，宽2.1m，长4.3m，井台、井底、井沿与井壁均用青石筑成。

东、西下堂建制结构相同，只是功能不同。

中堂：三栋为中堂，中堂前与两堂相连。进深9m，高5.5m，共四排梁架，每排有木柱五根，穿斗抬梁式结构，旁边两排为排山柱，形成五柱七瓜即前三后四瓜柱的梁柱结构。其布局为前部是厅堂，后部是天井与厢房。厅堂明间前是中堂，中堂有太师壁，太师壁后为倒厅。两次间是卧房。前屋的后墙即后屋的前墙为木隔扇门，开门则两屋相通。

上堂：第四栋为上堂，原为神堂，供奉历代祖先牌位。进深12.6m，布局结构与中堂相同，只是装饰比中堂更讲究。

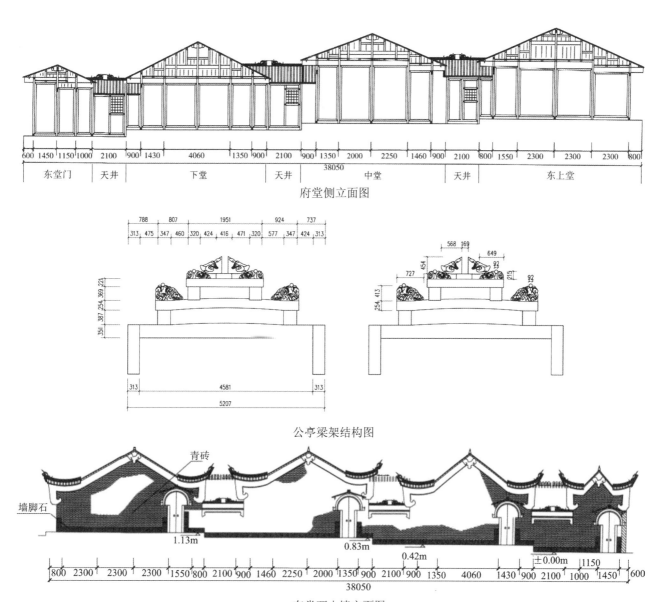

图4.19　许家桥明代将军府府堂建筑图样

2. 柏家大院

柏家大院位于祁阳市潘市镇柏家村，后头院为湘南典型官式大院，规模宏丽、等级较高，建筑面积 7088m²。坐北朝南，以槽门为中轴点，过槽门为大型天井，过天井拾五级台阶进下堂，过下堂进游亭（图4.20），游亭两侧为天井，过游亭拾级而上进上堂，上堂为正堂，堂屋均为四垛（一进三开间），中轴堂屋两侧为横屋。横屋纵列两排，横列四排，南横屋两垛四柱，三进五开间，北横屋二柱二垛，三进三开间，每排纵列横屋均置 3 个游亭，将每栋横屋分开。

图4.20　柏家大院游亭

3. 蒋家大院

金花村蒋家大院坐落在该村北面，总占地面积2500余平方米，坐西朝东。西靠山丘，南连村落，东为一片开阔的田洞，北仅有两栋新建住房。门前为青石甬道，大门为二进三开间，两侧设有门房，正中为进门，门槛前两侧有莲花青石凳一对，门上枋有木刻圆形篆体"庆衍叁多"四字。进大门，过门后走廊，为天井，天井为青石板铺垫，天井两侧为厨房。过天井，经一进堂前走廊，进一进堂。一进堂为三进五开间，两侧各设厢房一间。过一进堂后走廊，拾七级台阶而上，过天井、二进堂前走廊，进二进堂。二进堂为三进五开间，两侧各设厢房两间。过二进堂后走廊、天井、三进堂前走廊，进三进堂。三进堂建筑格局和二进堂相同。各进堂前走廊南、北两侧设券门，进过亭直通两侧横屋，横屋前为天井、走廊（东西走向），横屋为四进三开间，中间为堂屋，两侧为厢房。横屋一排分为三栋，每栋横屋建筑格局及面积相同。

蒋家大院，盖小青瓦，南北两侧为三级封火山墙，平面呈直角相交，堂屋走廊地面均为四方青砖铺垫。天井均为青石板铺垫。柱础有青石和木头两种，青石柱础为素面，圆形，四周高，呈弧形；木柱础为四方形，底部镂空雕刻卷云纹饰。梁架构件，如雀替、斗栱、挑檐等均进行艺术加工，具有典型的湘南明代建筑特色。雕刻线条虽简洁，却生动自如。蒋家大院历史悠久且保存完好，为湘南典型的明代古院落。蒋家大院门楼正立面图、侧立面图、剖面图、二进厅屋明间梁架结构如图 4.21 所示。

蒋家大院门楼正立面图

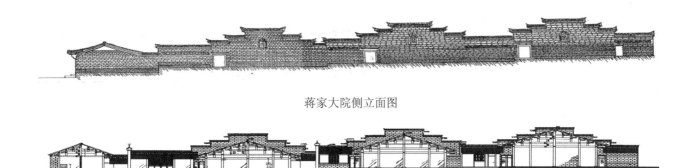

蒋家大院侧立面图

蒋家大院剖面图

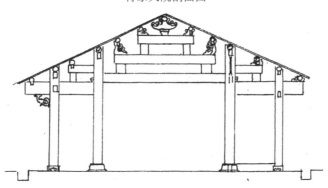

蒋家大院二进厅屋明间梁架结构图

图4.21 蒋家大院建筑图样

4. 胡家大院

胡家大院银像公房由胡银像创建，有正屋和横屋两大组建筑。正屋建在整个院落的中心线上，面阔12.5m，进深198.6m，前后依次由门楼、空坪、前一堂、天井、前二堂、天井、前三堂、天井、正堂、前花园、杂房、后花园、地下排水沟、围墙等单体建筑组成。

门楼：是人们进出的主要通道，系硬山顶，前有半圆形月台，面阔五间，进深两间，有六排梁架，其中两排是排山柱。前槽为双步梁结构，后槽是三步梁结构，每步梁之间有驼墩支撑梁架。明间开大门，石门槛装圆木栅栏门。两次间是隔扇门，两边稍间是木壁房间，供守门人夜间住宿。

空坪：进深16m，用小卵石铺成，中间有甬道，甬道中间用小卵石铺成图案，周边用条石砌筑，空坪显得宽大而空旷。空坪的两边是青砖围墙，墙顶盖小青瓦。空坪前端两侧有券门通两边的横屋。

前一堂：系山墙搁檩硬山顶建筑，置两排木梁架，每排梁架有五根木柱，为抬梁式结构，面阔三间，进深四间。前后檐柱之外还有檐廊，铺小卵石，用条石筑边，前廊两端有券门通两侧横屋之间的公共走巷，后廊两端有券门通向两侧横屋。各梁之间有花形及各种动物形状的瓜柱或驼墩支撑。前一堂没有房间，纯粹是一大型的厅堂，空旷亮敞，为家族议事的公共场所。

前二堂、前三堂：地面布局和梁架结构相同，系山墙搁檩硬山顶建筑，置两排梁架，每排梁架有五根木柱，穿斗抬梁式结构。面阔三间，进深四间，明间是两端通透的厅堂，连接前后天井，次间是装木壁板的房间，房门朝向厅堂。前后檐柱之外还有檐廊，为小卵石铺就，并用条石砌边，这条边既是天井的边也是檐廊的边。前廊两端开券门通向正屋两侧的横屋，后檐廊两端开券门连通两侧横屋之间的公共走巷。

正堂：实为神堂，装有供奉祖先牌位的神龛，位于整个建筑群的中心位置，其结构布局与前一堂大体相同。硬山顶，山墙搁檩，两排梁架，每排梁架有四根木柱，抬梁式结构，面阔三间，进深三间。前檐柱与前金柱之间的檐廊较宽敞，檐墙明间是隔扇大门，两次间上部装木栅栏，下部是槛墙。檐廊两端开券门通向正屋两侧的横屋。

鼓楼、钟楼：是建在正堂两侧走巷上的小阁楼，有门有窗，遇有红白喜事，乐鼓手在上面吹打乐器迎接宾客。

前花园：进深 30m，现已成堆放杂物的空地。

杂房：放置杂物或农具的房子，系硬山顶，山墙搁檩，穿斗式结构，置两排梁架，每排梁架有三根木柱，面阔三间，进深亦为三间。

后花园：进深 12m，现已成为菜地或荒芜的空地。

围墙：高 3.6m，下部砌小卵石，上部砌泥砖，墙顶涂泥巴。

天井：规格、样式都相同，窄长方形，有条石井沿，石井壁，卵石井底，有的井底中部有井台，

井台高出井底与井沿相平，井台中部铺小卵石组成图案，井台周边用条石筑砌。井的四周有围廊，即各堂的前后檐廊，井的两端有三步梁的走廊，两侧都开券门连通横屋或公共走巷。

横屋：纵向排列在正屋两侧，以正屋为中心，朝向正屋。正屋的左侧有四列，右侧有六列，每列有六栋相连，两栋之间设公共走巷，走巷直通围墙。每列的横屋之间又前后向相通。每栋横屋的布局结构相同，均为硬山顶，山墙搁檩，穿斗式结构，两排梁架，每排梁架有五根木柱，面阔三间，进深五间，有天井、厢房、檐廊。明间为厅堂，次间为卧房，厅堂的后壁两侧开门连通下一栋的天井，每栋横屋既能沿进深方向前后进出，又能沿面阔方向与公共走巷通行。每栋横屋的天井的形制、样式都与正屋的天井相同，但规格较之更小。横屋剖面图、立面图如图 4.22 所示。

地下排水沟：在庞大的银像公房古建筑群中，地面上没有发现排水沟，房屋所承载的雨水和各种生活用水，都通过天井的出口从地下暗沟排出院外，几百年来从没发生过堵塞现象。胡家大院排水沟为湘南（永州）古建筑中的典型代表。

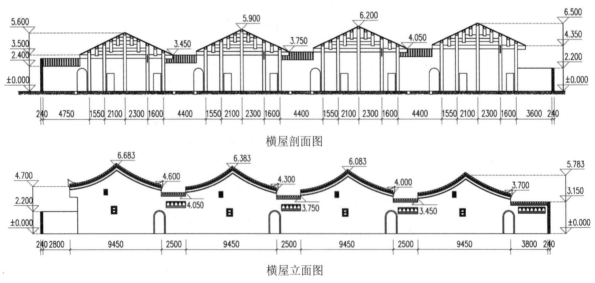

横屋剖面图

横屋立面图

图4.22 胡家大院建筑图样

5.李家大院

祁阳蔗塘村李家大院新屋院至今保存十分完整，坐西朝东，由南、北院组成，并置南、北槽门。北院建于清光绪年间，南院建于民国初期，整个院落规模宏大，占地面积约20亩（1.334万平方米）。北院由前月台、槽门、前天井、下堂、游庭、中堂、天井、上堂（正堂）及两侧横屋组成。南院由前月台、槽门、天井、中堂、游庭、正堂及两侧横屋组成。整个建筑为砖木结构，盖小青瓦，硬山墙，一级马头墙，墙头飞翘。地面铺卵石或三合泥、方地砖。五柱穿斗式、四柱穿斗式同存，四进三开间、三进三开间、二进三开间、一进三开间同存，墙体由三、六、九和二、五、八规格青砖砌成。南、北两院均以中轴线为主线建正厅堂屋，两侧横屋相互对称。从建筑布局、形制、用料、装饰等判断该建筑为清末民初典型的湘南（永州）民宅风格。李家大院山墙立面图、正堂侧面图如图4.23所示。

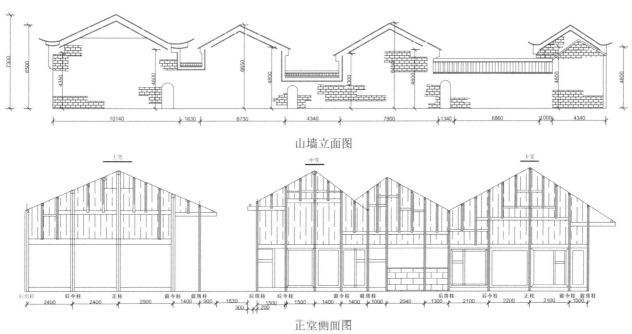

山墙立面图

正堂侧面图

图4.23　李家大院建筑图样

二、宗祠（包括戏台、牌坊）

1.大界村奉氏宗祠

大界村奉氏宗祠牌楼，即山门，木结构，穿斗式梁架，三门三楼，主楼为歇山顶单檐，上盖小青瓦，檐下置七层连体斗栱，斗栱连接处饰木雕莲花图案，牌匾处雕双龙、八仙、文曲星等纹饰塑像，两侧楼檐下置卷棚，狮兽雀替，万字挂帘。大门外侧有进深2m的走廊，拱形顶棚，两端绘有壁画，拱顶脊梁阴雕如意花草，月梁面阴雕"福"和"禄"字。戏楼分两层，台下是山门入口大厅，楼上分戏台和后台，平面呈凸形。戏台呈方形，三面临空，设有八角藻井，歇山青瓦屋顶，弧形飞檐，檐下卷棚，台边设有矮栏杆。戏楼两侧有厢房看台，正面为宗祠下厅，形成四合院式，可容纳数百人。正面所对下厅台前三面环楼，两旁有楼梯。正厅为硬山墙屋盖，厅与厅之间由天井连接，每厅后檐柱间有隔扇门墙（隔扇因损坏已被拆除）。中厅前檐额枋、脊梁、梁架穿枋等处有龙或祥云卷草木雕。上厅与寝殿间由过厅连接，过厅两边有天井。整体建筑为梁架木结构，小青瓦屋面，青砖清水山墙，内粉白灰，木质油漆为桐油罩面，呈现明朝末期的建筑风格。大界村奉氏宗祠建筑图样如图4.24所示。

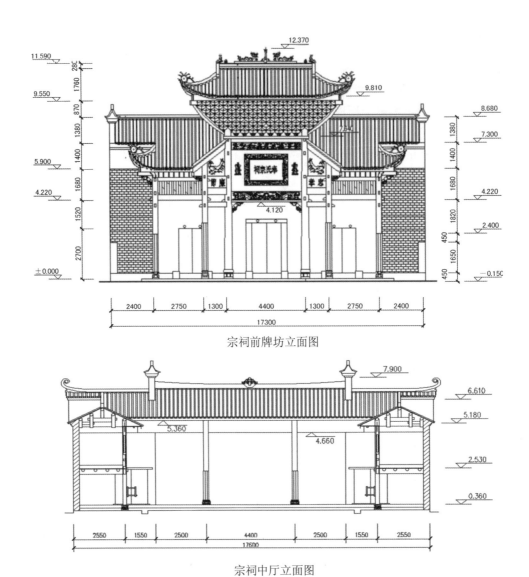

宗祠前牌坊立面图

宗祠中厅立面图

宗祠侧立面图

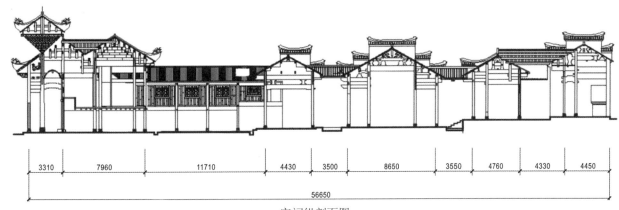

宗祠纵剖面图

图4.24 大界村奉氏宗祠建筑图样

2. 许氏宗祠

许氏宗祠进深 32m，面阔 10.6m，建筑面积约 339m²，系人字形硬山墙，面阔三间，进深三栋。进槽门为玄关，过玄关为天井，两侧是厢房。过天井两侧走廊进入第二栋即下堂，有四排梁架，中间两排四根木柱为抬梁式结构，两边的五根木柱为排山柱，穿斗抬梁式结构。中间两排梁架的梁枋短柱都用整体木料做成，显得粗大、厚实而古拙，两金柱之间的顺串梁高 40cm，厚 30cm；金额枋高 28cm，厚 13cm。梁架都向上弯曲，是有意加工而成，这样的用料、结构与加工方法体现了湘南（永州）明初建筑风格，有宋元建筑的遗风。厅堂用了减柱法以增加空间，前檐柱与前金柱之间只有 1.3m，后金柱与后檐柱之间有 2.3m，而两金柱之间的距离达

4m，给人十分空旷的感觉，便于族人开展集体活动。石柱础为正方形平面，最大边长为 63cm，显得格外古朴，为元末明初典型柱础形制，部分石柱础还垫有厚木板，应是柱脚腐朽维修时将其锯断，为补足高度而垫上的。下堂、上堂相连，中间有天井间隔，天井两端是走廊，过天井、走廊进入上堂，上堂是放置神龛（已毁）的房子，四排梁架，每排梁架有五根木柱，穿斗抬梁式结构，上部装木壁板。两边的梁架为排山柱。有前檐廊，檐廊两端开大门可出入宗祠。据宗祠中的两块石碑记载，祠堂始建于元至正二十六年（1366 年），清道光年间曾进行维修，宗祠前厅的梁架木柱应是明初始建时用的旧材料，而墙壁、门屋应是清代重修时的材料。许氏宗祠山墙立面图、剖面图如图 4.25 所示。

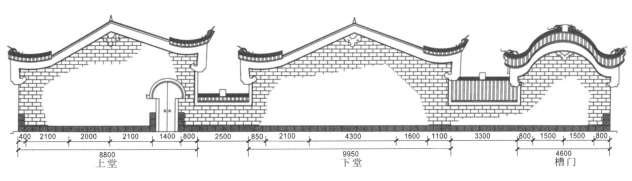

山墙立面图

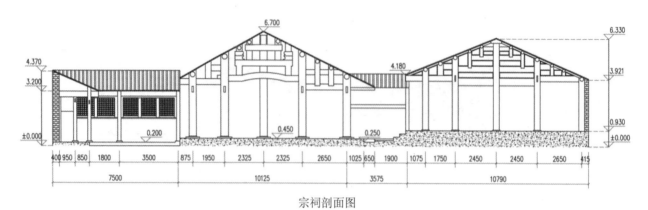

宗祠剖面图

图4.25　许氏宗祠建筑图样

3. 骆氏宗祠

骆氏宗祠的中厅梁枋高架、下空。戏楼为抬梁式全木结构，歇山小青瓦屋面，总高12m。议事厅及祭祀厅为抬梁式硬山小青瓦屋面，五叠封火山墙。宗祠的最前面是戏楼，始建于清同治九年（1870年）；戏台呈长方形，铺着三四寸厚的木板，结实而又坚固；左右小门，为演员上下的通道，其上匾额写着"出将""入相"；戏台顶部，是半圆形的木制藻井，彩绘装饰，具有聚音与回旋的功能，使声音更加圆润饱满；宗祠戏台存有"八仙缘""双龙戏珠""蟠龙飞云"等大量精美镂雕，以及圆雕瑞兽撑栱和灰塑坐兽，做工精美，形态逼真，具有较高艺术价值。

4. 神下李氏宗祠

李氏宗祠坐北朝南，砖木结构，盖小青瓦，封火山墙，梁架为穿斗抬梁式，保存有木雕、石雕、匾额等。总面阔22.5m，总进深43.87m，基底面积950.47m²，占地面积1250.4m²，建筑面积1278.23m²。平面呈品字状长方形，南北长、东西短。由表门、戏楼、观戏坪、观戏台和上厅共同组成。

表门为1947年加修，面阔21.6m，进深3.5m，前为带有西方元素的屏风墙，四柱三开间，自下而上由线脚分隔为四层。一层为表门大门入口；二层为匾额，在明间设石匾额，上书"李氏宗祠"；三层为菱形花饰；四层为连绵起伏的墙顶，配合宝瓶柱顶，表门显得高大而雄伟，具有民国后期湘南典型的官式风格。通过小青瓦帽盖顶的围护墙与封火山墙连接，正面饰喷水雕塑，用来排放屋面积水。封火山墙为三段屏风式，戗尾饰盘龙泥塑脊吻，白灰瓦头檐口。

戏楼为八柱单檐歇山顶，十三檩穿斗式构架，梁架和屋面与表门连成整体；戏楼两侧建有观戏台，为九檩穿斗式构架。戏楼周围为卷草纹木雕花罩，彩绘照壁，檐下鹤颈轩，额枋镂空雕双龙戏珠，角梁下整体雕麒麟大雀替。屋面葫芦宝顶、卷草戗脊吻。两侧次间设中式雕花屏门连接观戏台，观戏台前两开间设花草卡子花隔扇窗，后四间为瓶式木栏杆连至上厅。

戏楼、观戏台和上厅围合成内院，青砖铺地，面阔12.74m，进深18.29m，占地面积233.01m²，内院周围可作为观戏坪。

上厅为供奉和祭祀场所，面阔15.2m，进深12.36m，占地面积187.87m²，十七檩抬梁式与穿斗式混合梁架，梁架上雕花鸟图案，饰有瑞兽雀替。上厅两侧开侧门至室外，西侧设杂房。

神下李氏宗祠内的木雕、石雕技艺十分精湛，建造精致，青砖青瓦，屋脊起翘。无论是建筑布局、结构，还是精美的雕刻，都充分体现了古代工匠在从事营造活动中的科学性及艺术性。神下李氏宗祠建筑图样如图4.26所示。

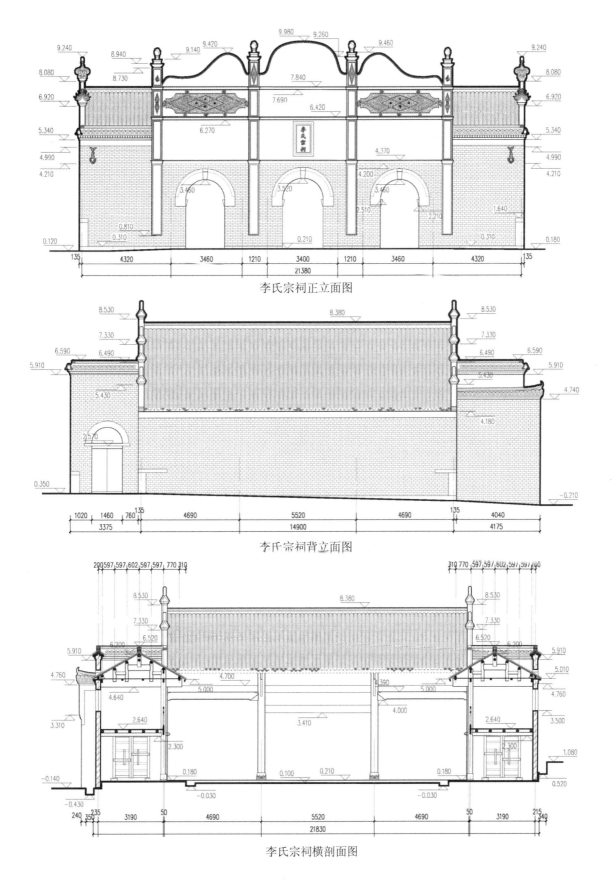

李氏宗祠正立面图

李氏宗祠背立面图

李氏宗祠横剖面图

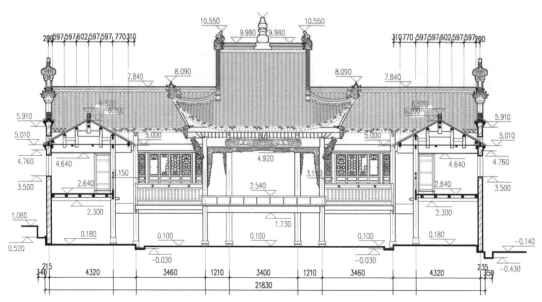

李氏宗祠剖面图

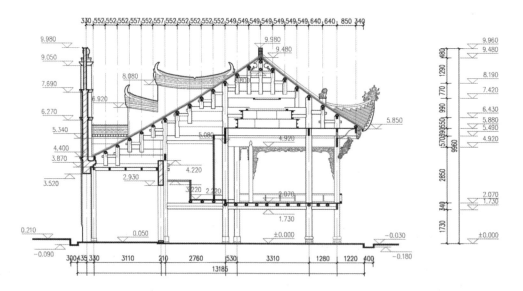

表门戏台剖面图

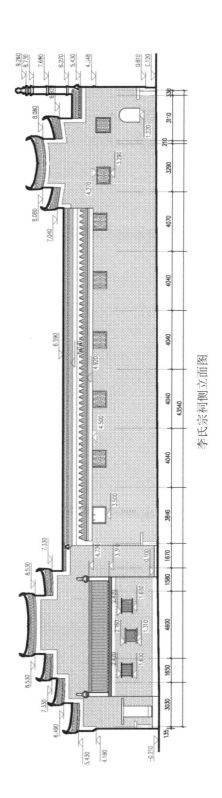

李氏宗祠侧立面图

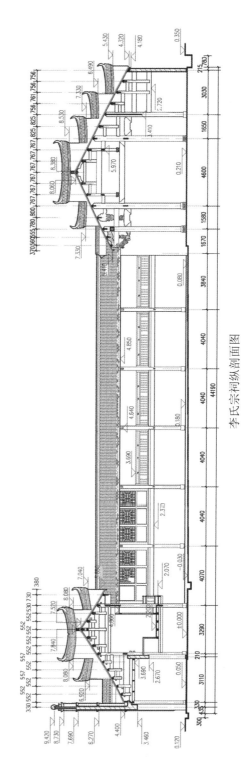

李氏宗祠纵剖面图

图4.26　神下李氏宗祠建筑图样

5. 东安头翰林祠

东安头翰林祠坐北朝南，为青砖、封火山墙、小青瓦建筑，穿斗式与抬梁式混合木构架，保存有木雕、石雕、彩绘等。总面阔20.22m，总进深84.19m，占地面积1702.32m²。平面呈品字状长方形，南北长、东西短。东安头翰林祠建筑图样如图4.27所示。

整座翰林祠依次由月台、牌坊、门厅、戏楼、观戏楼、天井、下厅、上厅、道厅和树德堂组成。月台呈半圆形，临池而筑，拼花鹅卵石铺地，面阔20.22m，进深约27.3m。牌坊为三间八柱重檐歇山顶木牌坊，坊额题"翰林祠"，主楼檐下饰七层如意斗栱，五檩穿斗式梁架，次间与门厅梁架连成一体，为九檩穿斗式梁架。戏楼为八柱歇山顶，十一檩穿斗式构架；戏楼两侧建有观戏楼，九檩穿斗式构架；戏楼、观戏楼、下厅围合成内院，拼花鹅卵石铺地，面阔10.26m，进深24.8m，占地面积

254.45m²，可作为观戏坪；内院周圈设排水沟，连通室外，可缓解院落排水压力。

下厅面阔10.86m，进深11.78m，占地面积127.93m²，十五檩抬梁式构架，梁架上雕刻瑞兽和花鸟，两侧封火山墙上彩绘"秀才攻读"图案。下厅和上厅通过中堂相连，中堂两侧为天井，天井封火山墙上彩绘山水，墨书字迹，三面花罩围合，花罩上雕刻花鸟。中堂上设方亭，正方形，边长为5.2m，穿斗式构架，歇山顶屋面。上厅和道厅面阔10.86m，进深11.0m，十七檩抬梁式构架，道厅和上厅之间由板壁和隔扇分隔开，明间后檐墙上设双开大木门通向室外，门顶设庑殿顶檐。由道厅往北15m为树德堂，面阔5.6m，进深9.5m，建筑面积53.2m²，为供奉和祭祀场所。

翰林祠内的木雕、石雕、彩绘技艺十分精湛，建筑规模庞大，具有很高的历史、艺术、科学价值，为湘南典型官式祠堂。

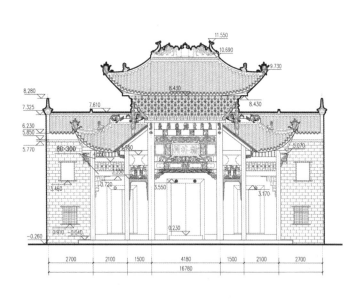

宗祠正立面图

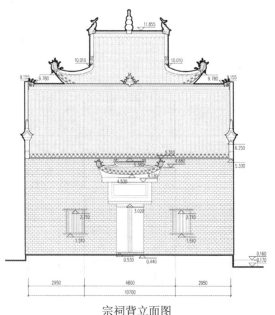

宗祠背立面图

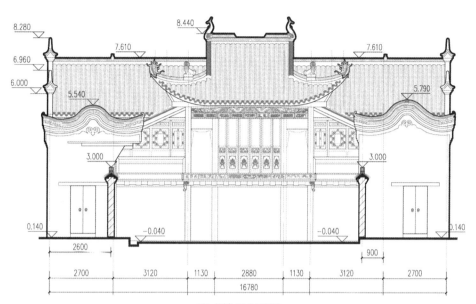

观戏楼正立面图

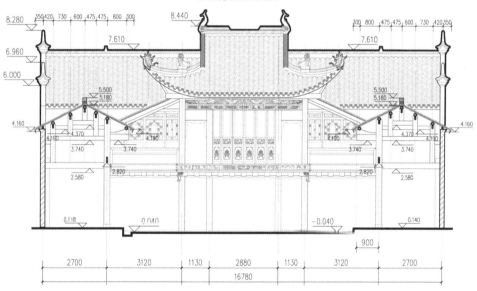

戏楼正立面图

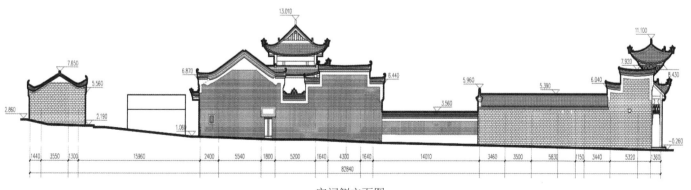

宗祠侧立面图

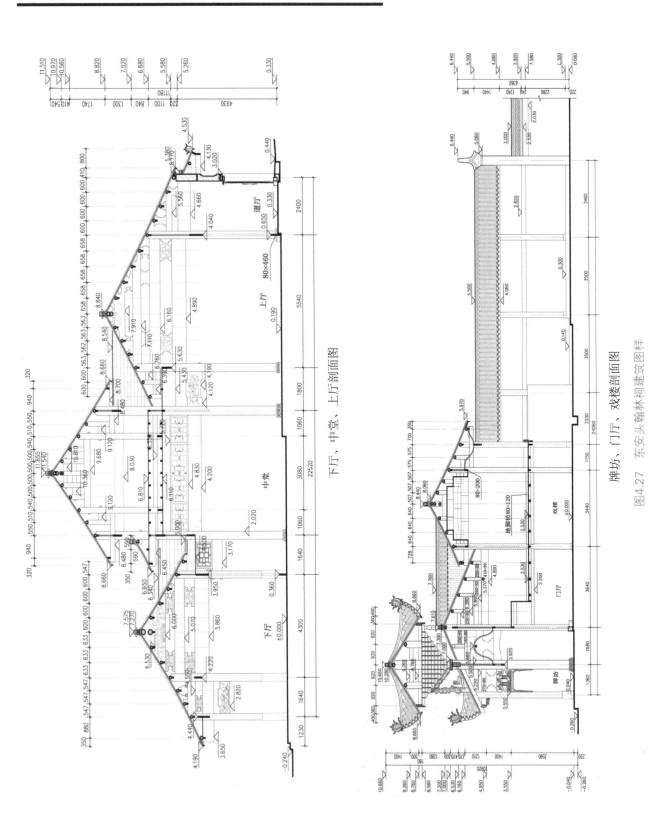

下厅、中堂、上厅剖面图

牌坊、门厅、戏楼剖面图

图4.27 东安头翰林祠建筑图样

6. 虎溪黄氏宗祠

黄氏宗祠建于清早期，砖木结构，盖小青瓦，占地面积约1028m²。建筑中轴对称，由三进院落组成。从前至后依次为戏台、正堂、后堂。戏台为单檐歇山顶，翼角飞翘，穿斗抬梁式。戏台以及正堂内梁架均有精美木雕。虎溪黄氏宗祠建筑图样如图4.28所示。

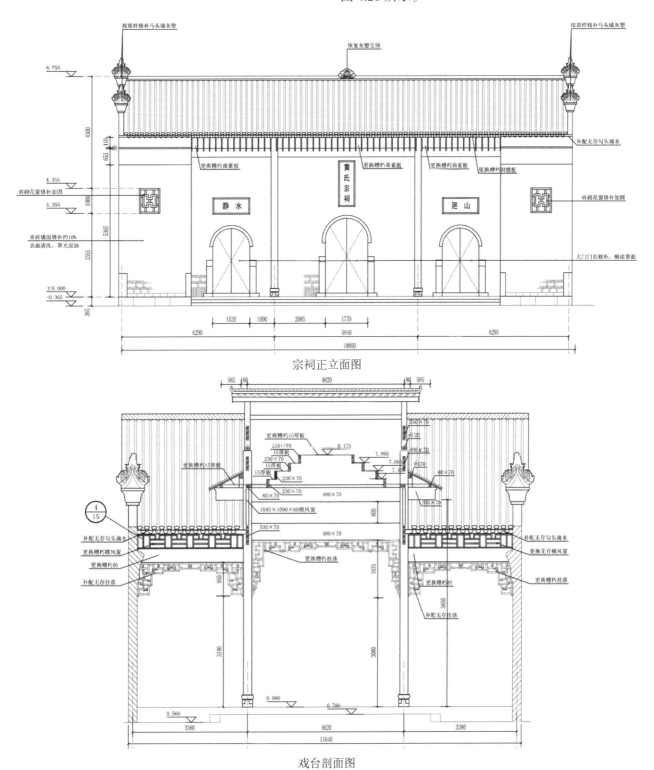

宗祠正立面图

戏台剖面图

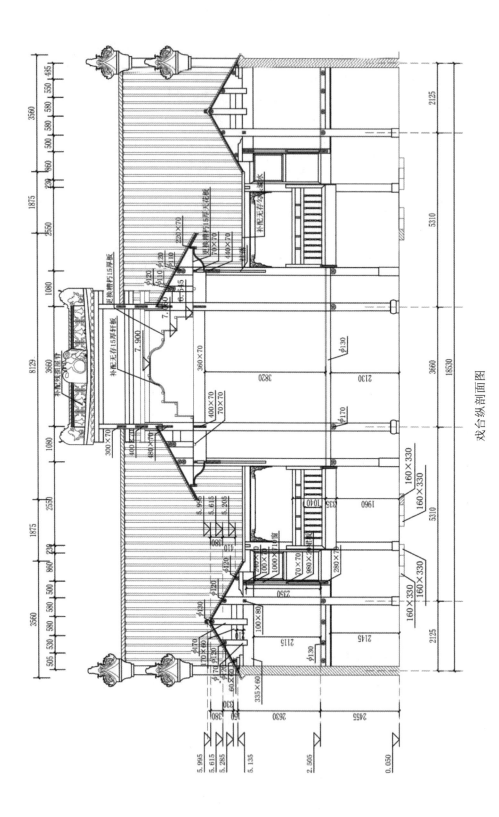

戏台纵剖面图

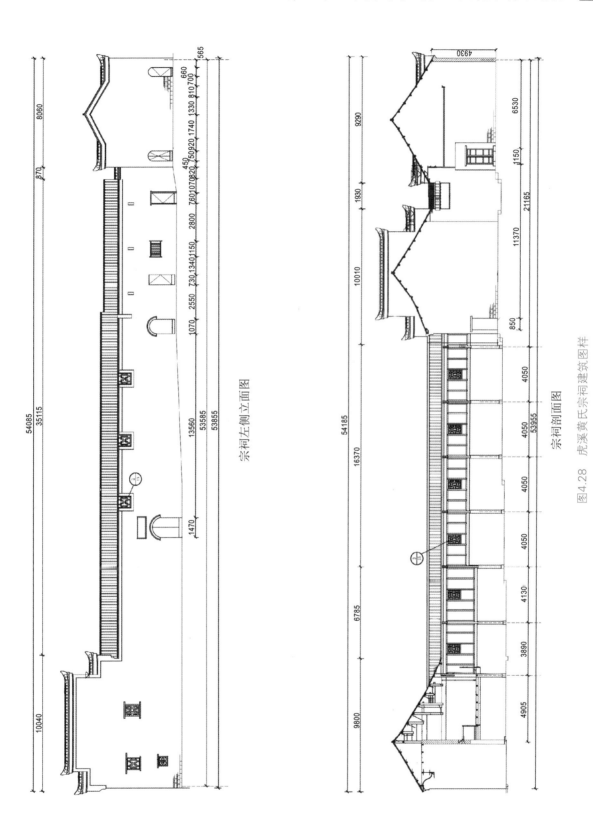

宗祠左侧立面图

宗祠剖面图

图4.28　虎溪黄氏宗祠建筑图样

三、庙宇

1. 零陵文庙

零陵文庙大成殿为重檐歇山顶，红墙，黄色琉璃瓦覆顶，色彩分明，金碧辉煌，翼角飞翘，气势非凡。殿脊堆塑云龙，脊中竖宝葫芦，两端及翼角饰以鳌鱼，两面山花上刻浮雕双龙戏珠，重檐翼角上堆塑麒麟，造型秀丽大方，简洁明快。主殿柱网分布，面阔五间，进深四间。通面阔 26.8m，通进深 20m，主体屋身三开间三进深。七架梁，无斗栱，鲜明地体现了湘南（永州）古建筑特色。主殿下层，后廊檐有撑檐柱 2 根，周围檐柱 20 根，前后共有金柱 6 根、上金柱 4 根，共有 32 根木柱。两山及后墙各减金柱 2 根。在重檐上方做双层井字梁架，梁头伸入墙体，梁尾插入上金柱，构成坚固的砖木框架。中设腰檐平座，廊柱立于重檐斜梁脊下、廊步上，下面在挑檐梁上用双斗扇形驼峰承托，两山及后墙再在四角下金柱圈梁围合上竖短柱，构成上层完整的围栏柱网，用柱 36 根，平座上铺木板，可绕行。廊间设方形落地罩，前明、次间壁做碧纱窗，设假窗二，以利采光。零陵文庙建筑图样如图 4.29 所示。

零陵文庙大成殿台基为须弥座式，周围护以石栏板。台基及栏板上的浮雕，刻有人物、仪仗、花卉、飞禽走兽、山川景物等图案，线条工整，工艺精湛，形态逼真。

零陵文庙大成殿前为须弥座勾栏式月台，台基及栏板雕刻飞禽走兽、山水花草、贵人出行及仪仗等图案，均采用浅浮雕手法，堪称雕刻艺术之精品。

零陵文庙月台之前为垂带踏跺式五龙御路石。一龙居中，张嘴含珠、怒眼双睁、雄视远方，另四龙绕其四周，似穿云透雾，大有呼风唤雨之态。

零陵文庙大成殿与左右厢房之间以栏杆、亭阁相连接。栏杆、亭阁左右皆以立于高石墩上的木柱支撑亭檐，每边蹲坐一座石狮，互相咧嘴对望。零陵文庙建筑图样（局部）如图 4.30 所示。

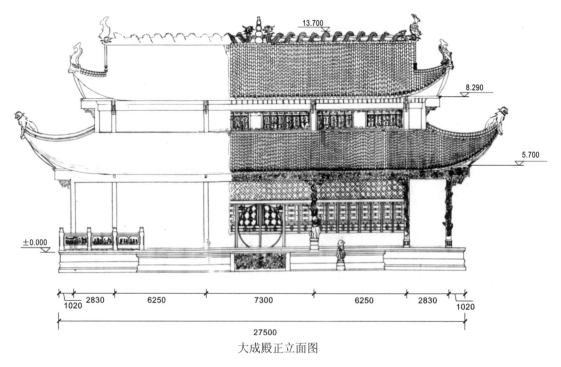

大成殿正立面图

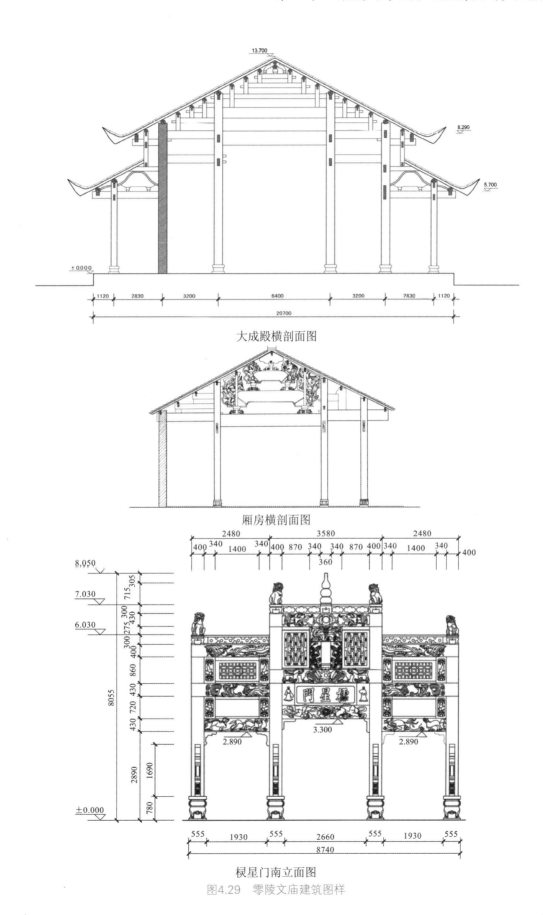

大成殿横剖面图

厢房横剖面图

棂星门南立面图

图4.29　零陵文庙建筑图样

厢房月形抬梁结构　　　　　大成殿前檐木雕云龙额枋　　　　汉白玉五龙高浮雕御路石

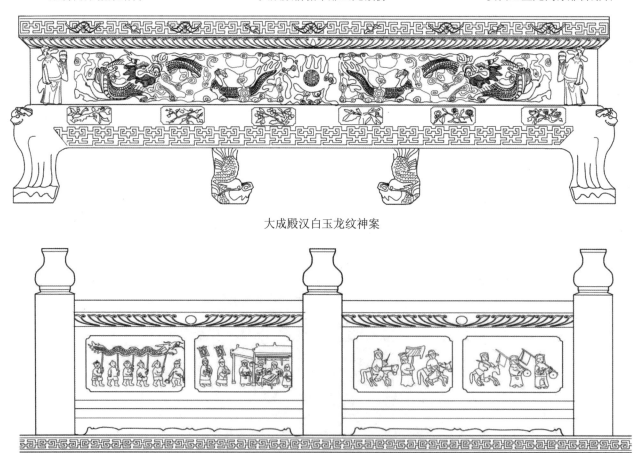

大成殿汉白玉龙纹神案

汉白玉护栏

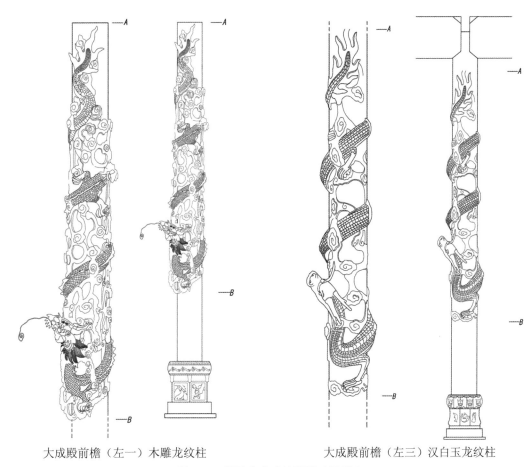

大成殿前檐（左一）木雕龙纹柱　　　　大成殿前檐（左三）汉白玉龙纹柱

图4.30　零陵文庙建筑图样（局部）

2. 零陵武庙

雄伟壮观、精巧绝伦的零陵武庙雄居于东山之巅，旧制规模宏大，总占地面积约为5000m²。正西与法华寺毗邻处有山门，进山门有游廊，登踏步而上丹墀。过抱厦即进正殿——大雄宝殿。正殿两侧有厢房，整个布局构成四合院式风格。殿内东面正中有关公像，关公像两侧有其部将像四尊，分别是关云、周仓、廖化、王甫。殿内木柱上有对联一副，文曰：秉烛岂避嫌，此夜心中思汉；华容非报德，当日眼底无曹。殿前悬挂"与天地参"的横匾，系清光绪十二年（1886年）总兵方勇、巴图鲁长明敬献。殿前抱厦内塑有四大金刚像。殿后有歌颂关云长功德的圣谕碑一块。零陵武庙建筑图样如图4.31所示。

零陵武庙坐东朝西，砖木结构，现存建筑占地面积2200m²。大雄宝殿为重檐歇山高台围栏式，面阔五间，进深三间。通面阔26.96m，通进深20.2m。零陵武庙红墙青瓦，翼角高翘。正殿正中竖宝葫芦，两端置大吻兽，其余檐角安鱼形吻。两山置博风板和悬鱼。廊用20根柱支撑下檐。殿前走廊宽3m。前明、次间4根金柱与殿中四柱组成柱网。双井字大梁枋，前与金柱相连，其余三方嵌于墙体中，构成坚固的砖木抬梁框架，承托屋面荷载。殿堂前廊有柱6根，其中青石龙柱4根，柱高4.73m，柱径0.41m。浮雕石龙，从下而上缠绕其中，龙头硕大，凌空横跨0.62m，张嘴含珠，腾空欲飞之势毕显，形态十分生动逼真。这样粗大、精雕细琢的石龙柱，实属罕见，堪称珍宝。

殿前设六柱单檐歇山抱厦，抱厦后脊延伸，与大殿重檐连接，形成天沟。抱厦正中亦竖宝葫芦，造型别致，工艺精湛，甚是雄伟壮观。抱厦前的两尊石雕雄狮、青石浮雕五龙御路石，栩栩如生，为石雕精品。零陵武庙建筑图样（局部）如图4.32所示。

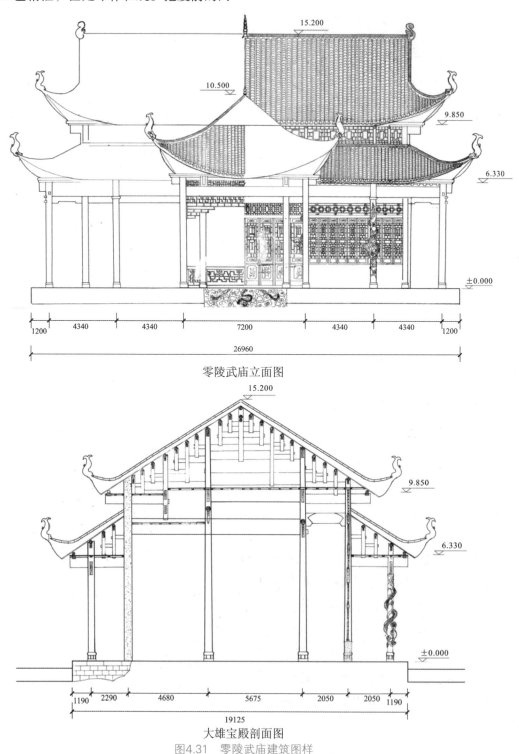

零陵武庙立面图

大雄宝殿剖面图

图4.31 零陵武庙建筑图样

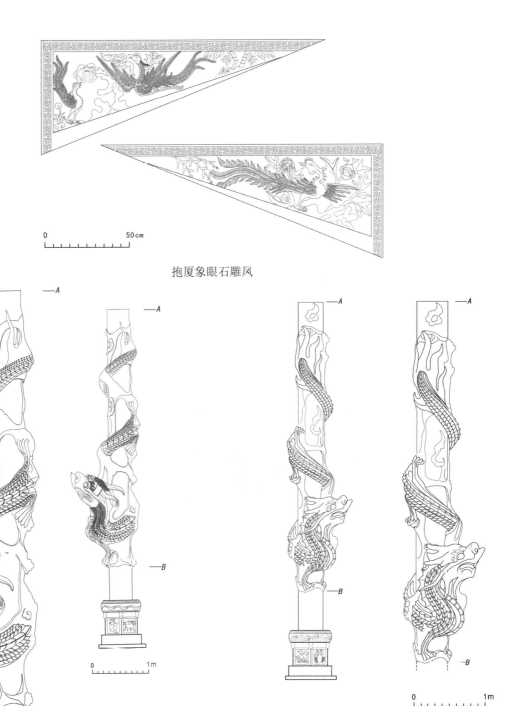

抱厦象眼石雕凤

大雄宝殿前檐（左一）青石雕龙纹柱   大雄宝殿前檐（右一）青石雕龙纹柱

图4.32 零陵武庙建筑图样（局部）

3. 江永盘王庙

江永盘王庙鼎建于唐天祐二年（905年），后经历代重建、扩建而成。现存主体为清代建筑，总面阔19.1m，总进深44.4m，占地面积848m²。由门厅、戏台、天井、左右厢廊及正殿组成合院式的建筑群。主体建筑为砖木结构，穿斗抬梁式，硬山墙，墙头尾翘，盖小青瓦屋面，为湘南（永州）典型的民族特色庙宇。江永盘王庙纵剖面图如图4.33所示。

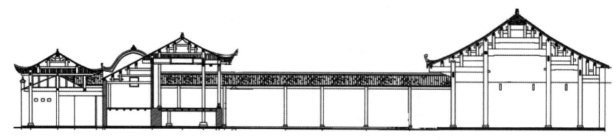

图4.33　江永盘王庙纵剖面图

四、塔

1. 廻龙塔

廻龙塔位于永州市零陵区城北廻龙塔路潇水东岸，立于天然石矶之上，坐北朝南，建于明万历十二年（1584年），占地面积约400m²。塔通高38.5m。砖石结构，呈平面八边形，共分7层。

廻龙塔底层用青石条建造，开间展度较大，面阔5.67m，最高4.44m，外墙厚3m，内墙厚2m，回廊宽0.8m。底层顶部围置石栏杆，由望柱、寻杖、栏板和地袱组成。栏板上雕刻花木禽兽图案。底层门额题有"廻龙宝塔"四个行书大字，为钦差巡抚湖广右金都御史陈省所题，落款为"邑人钦差巡抚操江右金都御史吕藿所建"。

塔之第二层以上大部分以青砖平砌而成。塔的第二至第六层均设平座。第三、第五层设腰檐。平座面用八方石板铺作，平座和腰檐下设斗栱，斗为砖制，栱为石作。从塔身上层层挑出，成为支撑平座和腰檐全部重量的组合悬臂梁。檐部斗栱，第一跳头上为瓜子栱，每垛之间作鸳鸯携手，第二跳头上置檐头，檐角徐徐翘起。二层平施补间铺作四垛。三层、四层另加明檐，每隔角砌有斗栱，为五铺作重抄。三层檐部及腰檐平施补间铺作五垛。四层、六层平施补间铺作四垛。在斗栱或腰檐斗栱的顶部都有一定的空间平面，可由券门走出。顶檐及腰檐盖绿色琉璃瓦，八方檐脊角上堆塑云龙，角下悬挂风铃。

第二层以上每层设有券门，券门两侧砌有假窗。

因第五层外墙无券门，只有拱券窗，楼面恰与腰檐平齐，故墙外无平座，只能从窗户向外远眺。第七层内墙与塔心室拼为实体建筑，形成圆柱冠，使塔身更加坚实稳固，沿曲形回廊向窗外望，可尽收古城风貌，还可从窗口爬出，独览古郡胜观。廻龙塔建筑图样如图4.34所示。

廻龙塔塔顶置覆钵，其中置铁相轮，铁相轮上放置一宝葫芦，其上置铜针。

廻龙塔塔身中空，实际上是两个直径不同的砖砌筒体。内外筒体之间又有很厚的砖墙相连，空隙部分设置青石或青砖阶梯（每层皆有这样的石级），可拾级而上，盘旋至塔顶。塔内筒体在水平方向上用砖栱将楼面分割成五层。

廻龙塔自外及里，可分平座、外墙、回廊、内墙和塔心室五个部分。形成内外两环，内环为塔心室，青砖层层砌筑，逐渐形成圆顶；外环为厚壁，中间夹以回廊，每层回廊之间置有青石或青砖阶梯，可拾级而上，盘旋到塔顶，但每层阶梯进出方向不同。第二、三、四层还可从券门走出，沿平座绕行。因外墙极厚，故进门就形成一甬道，甬道一侧有1～2个壁龛。穿甬道而过，内为回廊，内墙三方辟券门，另五方为壁龛，相间而成。其中对着正门的一个壁龛最大，以供奉佛像，仿木结构，造作考究。内墙亦厚，故每门洞内也形成甬道，直通塔心室。

廻龙塔虽是明代建筑，但保存了许多宋代建筑手法和艺术风格，因势利导，因地制宜，是建筑上的独特创新。廻龙塔在我国塔林中占有一席之地，堪称明代砖塔中的佼佼者。

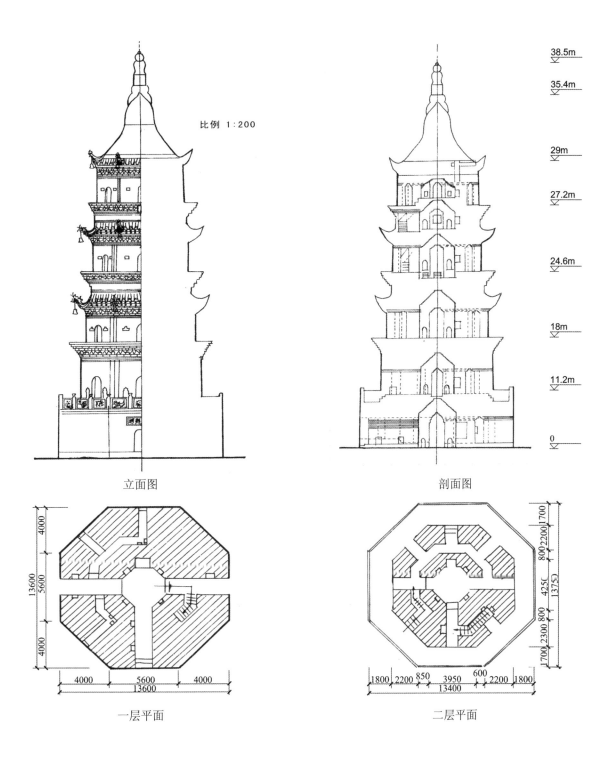

比例 1:200

立面图

剖面图

38.5m
35.4m
29m
27.2m
24.6m
18m
11.2m
0

一层平面

二层平面

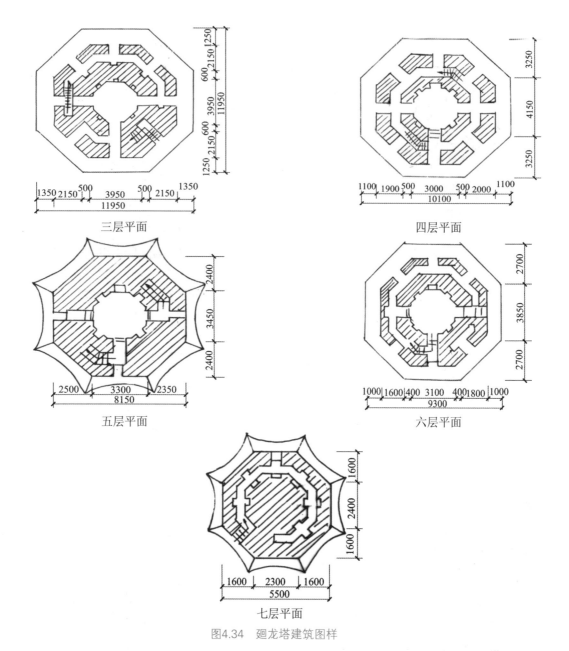

三层平面

四层平面

五层平面

六层平面

七层平面

图4.34　廻龙塔建筑图样

2. 祁阳文昌塔

祁阳文昌塔为七层砖石结构、四面抱厦式、八角攒尖顶建筑，始建于明万历十二年（1584年），于清乾隆十年（1745年）重建。坐东南朝西北，平面呈八角形布局，占地面积约400m²，建筑面积469m²。整座塔通高约33.97m，由塔基、塔身、塔刹三部分组成。其中，塔基和塔身均为八角形，塔基直径18.2m，边长7m，用青灰石砌筑，其余各层均用青砖砌筑，石灰浆勾缝。外墙以纸筋灰浆粉刷，内为清水墙面。塔身自下而上，逐层内收。内为拱顶，外为砖石出挑外檐，外平台地板、顶盖、角脊均用红砂石铺砌。塔室底层为圆形，其余各层均为八方形。各层均有穿壁式踏步甬道登入上一层，每层各方位都开有门洞或通风窗洞，第七层无塔室，仅见穿廊。第二、三、四、六层塔身有外围廊，第五层为腰檐，无室外围廊。第六层塔室与第七层穿廊在外形上合并为一层。平台围廊原为砂岩栏杆，现重修为青石栏杆。腰檐及塔顶屋面为仿青瓦屋面，由石雕板铺砌，石枋做斜脊，枋头雕龙头饰，三重形态各异。塔身各级用出挑、斗栱汏拱成中心塔室和巷道顶，各层外檐用白砂岩和青砖出挑而成。各层的台边缘垛堞翘角，塑有石龙，口含铜铃。全塔门楣及各处神龛均有精细浮雕，一层正门嵌"二龙戏珠"立体镂空浮雕石刻，上刻"文昌塔"三字，其余各层也均在内壁上嵌有对联、建塔记等碑刻。塔内每层中心均有塔室，塔室东南墙上均置神龛。神龛为白砂岩质，两侧均有对联，顶沿有雕花，各层相异。塔刹由石座及铁葫芦构成。石座由青灰石砌成，铁葫芦为铁铸中空。祁阳文昌塔建筑图样如图 4.35 所示。

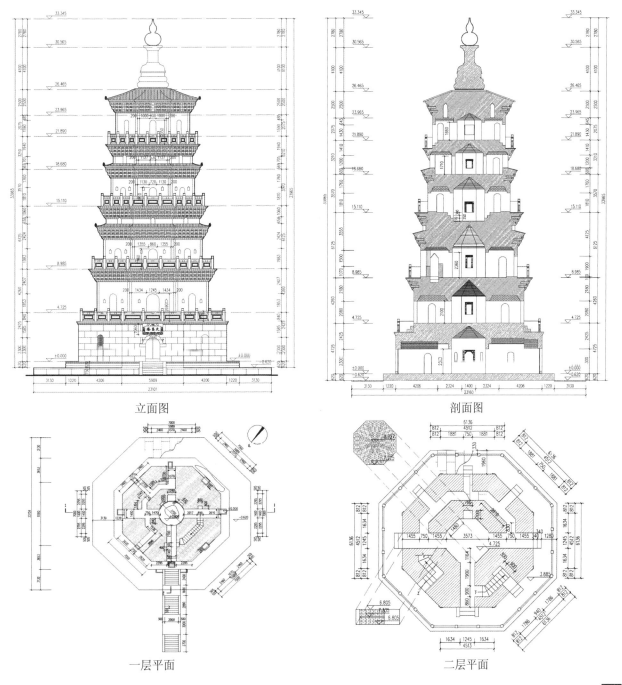

立面图

剖面图

一层平面

二层平面

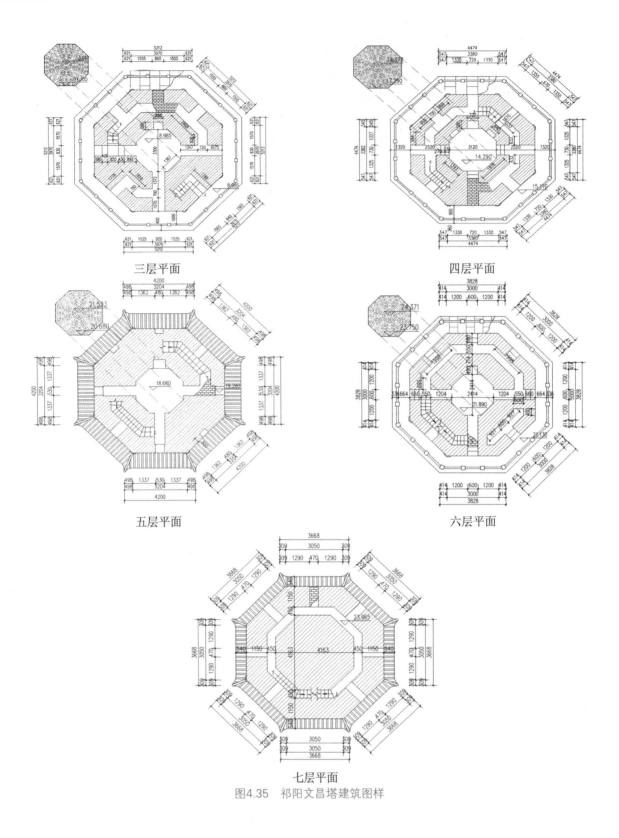

三层平面

四层平面

五层平面

六层平面

七层平面

图4.35　祁阳文昌塔建筑图样

3. 文星塔

文星塔位于宁远县湾井镇下灌村西北的一座黄土山丘上，为纪念下灌村状元李郃而建。始建于清乾隆三十一年（1766年），现塔为清咸丰三年（1853年）重建，为楼阁式砖木结构多屋建筑，塔内置木楼，逐级可登，顶为瓷质宝瓶塔刹，翼角悬风铃。塔平面呈正八边形，五层，首层直径5.76m，边长2.22m，塔高21.02m。文星塔建筑图样如图4.36所示。

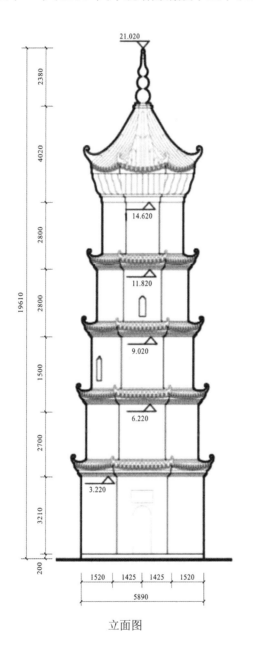

立面图

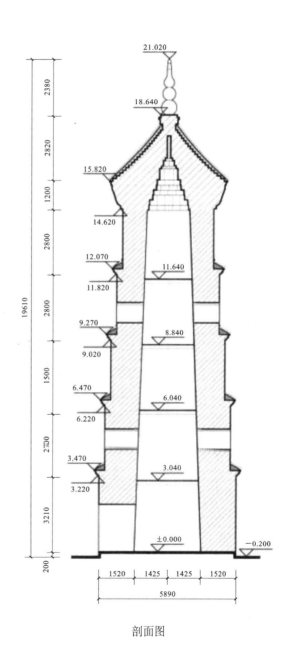

剖面图

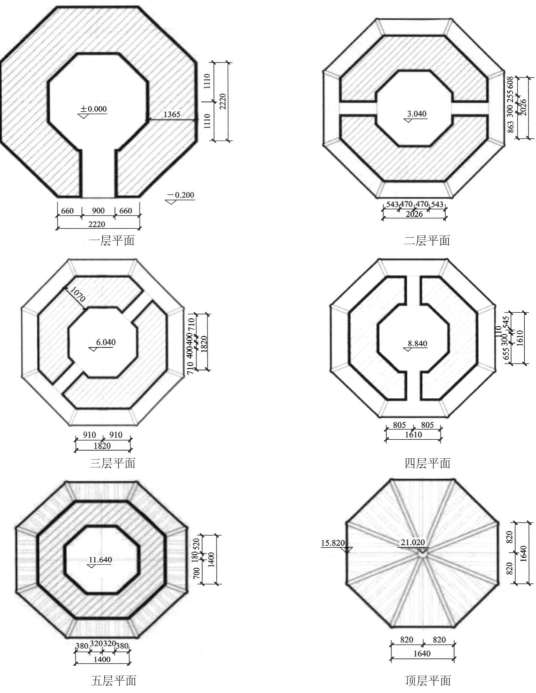

一层平面

二层平面

三层平面

四层平面

五层平面

顶层平面

图4.36 文星塔建筑图样

五、亭（包括楼）

1. 黑凉亭

黑凉亭位于永州市江永县兰溪瑶族乡勾蓝瑶

寨，建于明嘉靖二十一年（1542 年），至今已有400 多年。一层为直角屋檐，二层为三重翘角屋檐，雕刻图案十分精美，饰面以黑漆为主。黑凉亭建筑图样如图 4.37 所示。

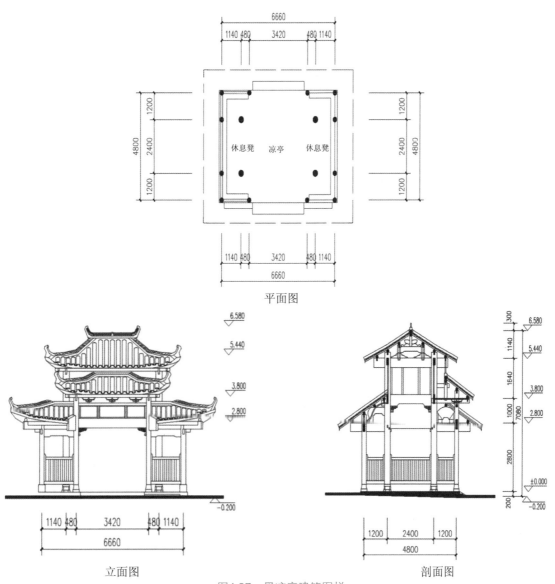

平面图

立面图　　　　　　　剖面图

图4.37　黑凉亭建筑图样

2. 石鼓登亭

石鼓登亭位于永州市江永县兰溪瑶族乡勾蓝瑶寨，始建于大宋年间，清道光八年（1828年）重建，底层面积70m²，三层全木结构，高9m，至瓦顶超10m。16根大柱分别竖立在16个雕刻精致、美观的石鼓之上，是勾蓝瑶寨最高的亭楼，登斯楼可观瑶寨全景。石鼓登亭建筑图样如图4.38所示。

3. 状元楼

状元楼始建于宋代，现存建筑为清光绪二十一年（1895年）重修。位于宁远县湾井镇下灌村关元街，为纪念唐代状元李郃而建，重檐歇山顶，四方八柱全木结构，盖小青瓦。总面阔8.16m，总进深8.16m，占地面积66.59m²，建筑高度9.4m。檐口鹤颈轩，一层正中四方藻井，藻井周圈设船篷轩，十三檩穿斗式木构架。状元楼建筑图样如图4.39所示。

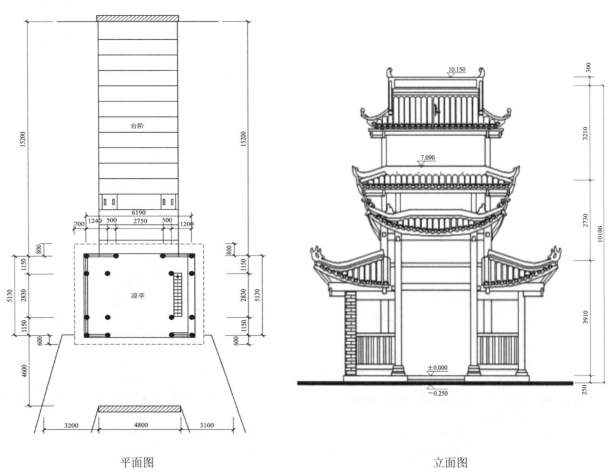

平面图　　　　　　　　　　　　　立面图

图4.38　石鼓登亭建筑图样

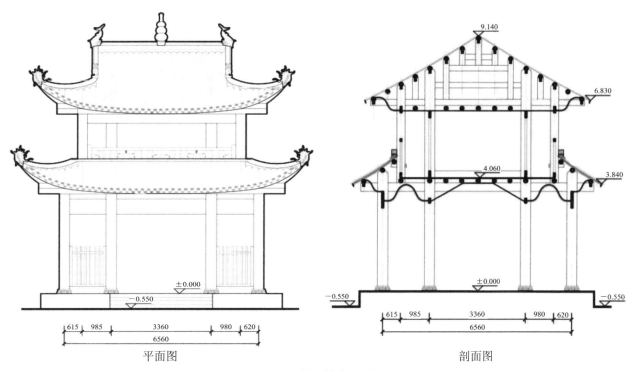

平面图　　　　　　　　　　　　剖面图

图4.39　状元楼建筑图样

六、桥

1. 广利桥

广利桥位于永州市东安县紫溪市镇花桥村的印水河之上，是一座历经200多年风雨的清代古桥，以其独特的"金脚、腰"风雨桥造型，充分发挥了实用和美观的多重功能，展示了中国传统筑桥技艺的高超水平，具有重要的历史、艺术和科学价值，是湘南最为典型的古桥梁之一。广利桥建筑图样如图4.40所示。

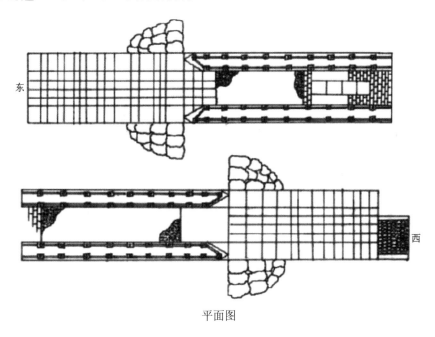

平面图

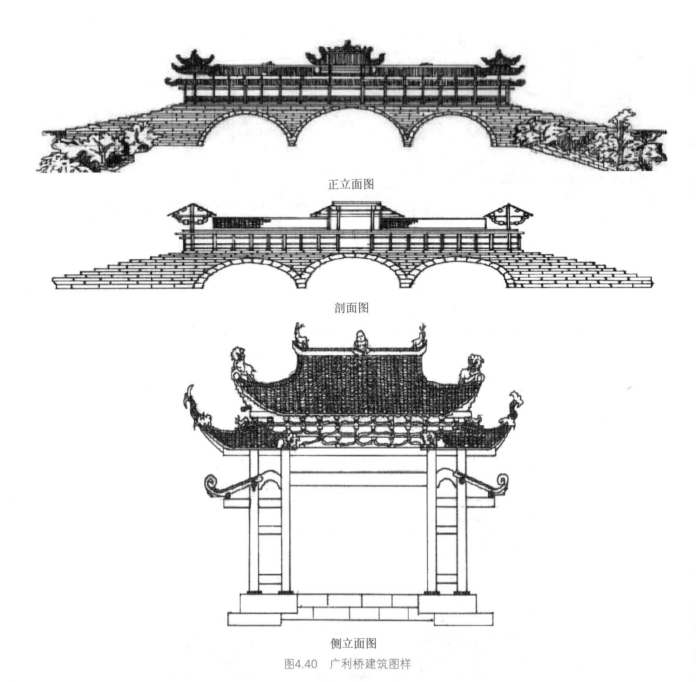

正立面图

剖面图

侧立面图

图4.40 广利桥建筑图样

2. 广文桥

广文桥位于永州市宁远县湾井镇下灌村，为屏风墙硬山顶风雨桥，始建于清乾隆四年（1739年），清道光十一年（1831年）、清咸丰七年（1857年）重修，"文革"时期曾改名为"向阳桥"。广文桥是三墩四拱叠梁式木构架廊桥，桥身采用"挑梁代柱外展法"建造，即金刚墙上叠木，逐层往上出挑，形成桥墩。桥墩上置千金楼支托桥台，千金楼上铺木垫板，垫层上用黄泥石灰砂浆铺青石板形成桥台，桥台高4.0m，桥屋屋架为十一檩穿斗式木构架。桥身两端为屏风墙，中间为廊亭。单檐桥亭，高5.72m，连接两侧青砖屏风墙，青石门拱，墙高6.39m。全长31.82m，面阔7.68m。建筑用材主要为木材、青砖、小青瓦、青石等，是典型的湘南风雨廊桥。广文桥建筑图样如图4.41所示。

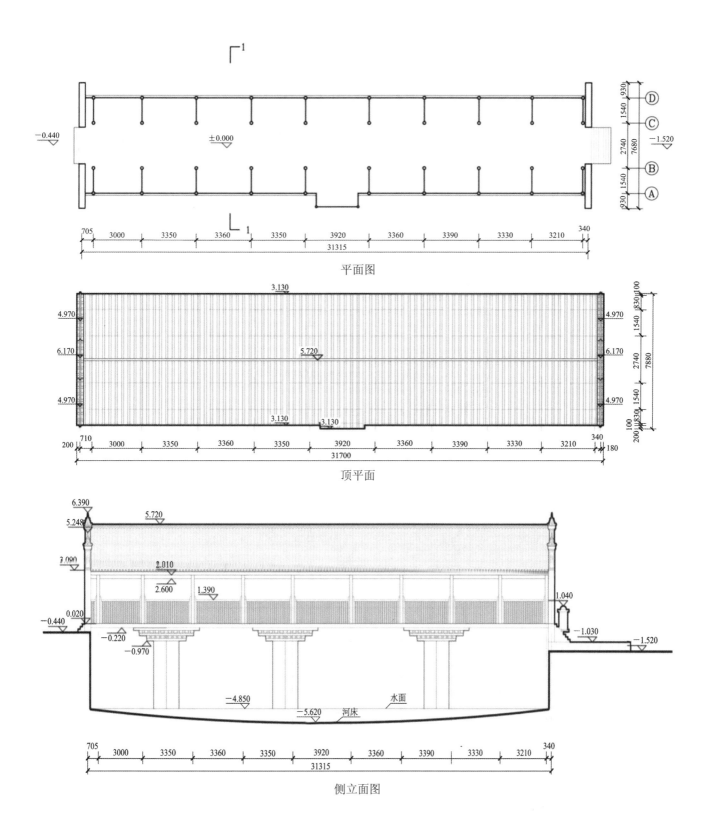

平面图

顶平面

侧立面图

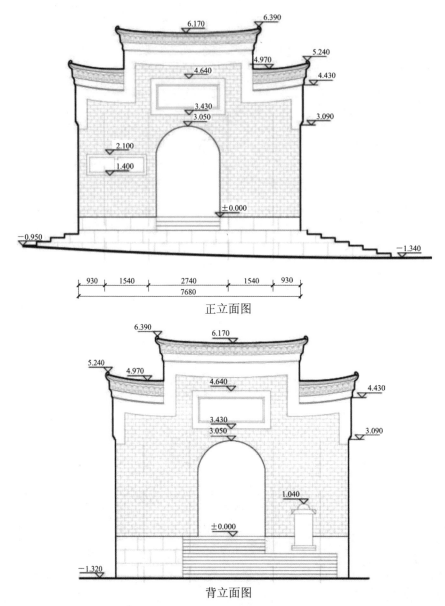

图4.41　广文桥建筑图样

第五章

湘南（永州）古建筑装饰

古建筑装饰可反映当地文化特征，展现当地各历史时期民俗文化的多样性和差异性。"中庸"文化下的审美取向深刻影响了湘南（永州）古建筑装饰艺术的发展，其装饰风尚千百年来绵延不绝，尽管变化繁复，色彩绚丽，但始终沿着"中庸"这一文化主动脉发展。"中庸"风格的装饰艺术与人民的生活理念紧密结合，形成具有地域特色的人居景观，也是湘南地区人居文化的基本内核。

同时，随着移民文化与"中庸"文化的交融，湘南（永州）古建筑装饰形成了地区融合性、差异性的装饰风格。其汇集了多种建筑装饰艺术手法，蕴含了中国传统文化精神，表达了湘南人民对美好、富庶生活的向往与追求，体现了湘南文化中的思想情感和审美观念。

湘南（永州）古建筑装饰艺术是该地区古代建筑的灵魂，在梁架、门楣、屋檐、门窗、栏杆、门罩、斗栱等建筑部位大量使用高浮雕、镂空、圆雕、阴雕、阳雕等木雕艺术，在须弥座、牌坊、柱础、石墩、石门额等部位普遍使用石雕工艺，在藻井、墙壁等部位使用彩绘艺术，在门檐、屋脊等部位使用堆塑工艺。生动逼真的植物、动物、人物等纹饰图案作为古代建筑的艺术装饰题材，内容极为丰富，不但体现了湘南地区古代劳动人民的智慧和工艺水平，更重要的是反映了他们祈盼世世代代福禄富贵、人才辈出、人丁兴旺的追求。

湘南（永州）古建筑装饰主要在山墙、檐口、门窗、屋脊等部位，以木雕、石刻、壁画彩绘及灰塑为主，木雕数量最多，石刻次之，砖雕最少。

第一节　湘南（永州）古建筑装饰工艺

一、湘南（永州）木雕工艺

木雕工艺指以木材为原材料，经雕琢、加工等形成艺术品的技艺，主要是对满足结构功能的木构件进行装饰。"湘南木雕"普遍运用于湘南地区古建筑，明清时期的寺庙、戏楼、宗祠、普通民居使用较多，大都在梁、斗栱、雀替、门窗、柱、枋等雕刻各种花卉、瑞兽、灵鸟、回纹、人物故事等，属于中国四大木雕之一。

整体来看，湘南木雕深受楚文化以及巫神地域文化的影响，具有"粗犷而不粗糙，细致而不烦琐，简单而不简约，抒情而又质朴率真"的艺术风格。木雕的题材非常丰富，有动物花草，有山水田园风光，也有神话传说、历史典故、先贤事迹等。湘南（永州）古建筑木雕主要包括浮雕、透雕、圆雕、剔地雕和线雕，以及最为复杂的混雕。透雕两面均可观赏，常见于隔扇、槛窗；剔地雕属于基本的雕刻手法，多见于额枋上；线雕则注重纹理；混雕更为立体，常见于撑栱、垂花等部位。

1. 浮雕

浮雕也称"阳雕"，是在平面上雕刻出深浅不同、富有层次感的图案，靠视觉透视等因素来展现立体空间，装饰效果介于绘画与立体雕之间。由于其仅为平面起凸，往往所占空间较小，适用于各种建筑构件。浮雕多用于铺作构件，如门簪、撑栱、雀替、门板、裙板、绦环板等，纹饰多样，内容丰富。根据浮雕造型脱木的深浅程度，可分为浅浮雕和高浮雕，其中浮浅雕为单层雕刻，内容较为单一，常用于装饰门窗格、隔扇；高浮雕则是多层次造像，内容较为繁复，花纹华丽，雕刻技艺和表现题材与立体雕相近，常用于雀替、牛腿等装饰效果较强的建筑构件，如图5.1所示。

宁远大阳洞古民居鱼化龙雀替

祁阳元家庙森玉堂穿插枋

图5.1　浮雕

2. 透雕

透雕是在浮雕的基础上，镂空其部分背景，以虚实结合的方式突出纹样效果，使之舒朗剔透、层次分明的工艺技法，装饰效果介于立体雕和浮雕之间。透雕，即穿透雕刻，较之浮雕更能体现装饰构件的层次感，雕刻技法也更为繁杂，如图5.2所示。

透雕分为单面透雕、双面透雕和立体透雕。单面透雕是基本的透雕，正面做镂空雕花，层次分明，背面一般不做雕饰；双面透雕是在单面透雕的基础上，将背面的物象也刻饰出来，供双面观赏，湘南地区花窗、隔扇的格心多采用双面透雕的工艺技法。

立体透雕是将雕作原料中没有表现题材的部分掏空，对剩余表现物象加以精细雕刻，技法较为复杂。其主要特点是表现物象立体、空间层次丰富，一般正面和背面都进行雕刻，四周几乎镂空。单、双面透雕为浮雕技法的延伸，立体透雕则更接近于圆雕技法。透雕的制作过程通常为，先将图案画在棉纸上，再贴在木板上，然后在每组图案的空白处打一个孔，将钢锯丝穿入，往复拉动钢锯线，沿图案的轮廓将空白处的木料"锼"走，即"锼活"。之后依据图案轮廓将多余木料清理干净，最后交于专门的匠师对加工好的半成品进行精雕细刻。

隔扇双面透雕（宁远大阳洞古民居）

挂落立体透雕（宁远骆家村骆氏宗祠戏台）

图5.2　透雕

湘南宗祠建筑中的骑门梁和额枋等装饰艺术价值极高的建筑构件，往往分布在建筑整体的视觉中心。其木雕工艺中多包含透雕手法，多层透雕使装饰纹路极富张力、图案栩栩如生。

3. 圆雕

圆雕亦称立体雕，指对建筑构件进行全方位雕刻的工艺技法，主要突出构件的整体轮廓，立体感强。常用于独立构件，如撑栱、牛腿、雀替、梁枋端头等，一般为人物、花草和珍禽瑞兽等题材，如图 5.3 所示。

4. 剔地雕

剔地雕是木雕工艺中最基础的雕刻工艺，多见于门簪、雀替、撑栱、穿插枋和裙板的雕饰中。其制作技法为，先将装饰图案以外空余的部分剔除，突出花样，再进行精雕细刻，如图 5.4 所示。剔地雕有两种常见形式：其一，半混雕刻法，将花样纹路以外的部分做较深的剔地，再对主要物象进行雕刻，常用于宗祠建筑中门簪、裙板、撑栱等装饰效果较强的构件。其二，浮雕刻法，同样对图案之外的部分进行剔地，但剔地较浅，再进一步对图样纹饰进行剔地雕刻，并在花样上做线刻装饰，增强装饰主体的细部表现力。

骆家村骆氏宗祠撑栱

江华宝镜古民居兽头形雀替

图5.3　圆雕

半混雕刻法（新田河山岩古民居门簪）

半混雕刻法（楼田村古民居裙板）

浮雕刻法（宁远骆家村古民居门簪）

浮雕刻法（新田谈文溪古民居隔扇）

图5.4　剔地雕

5. 线雕

线雕是指以阴线或阳线作为造型的雕刻方法，湘南传统民居装饰中多为阴线。此类木雕制作手法简单，木料经加工制坯后，沿装饰纹样刻入阴线，与未经雕饰的素面形成对比，在装饰效果上类似于绘画艺术。在湘南古民居装饰中，线雕多与浮雕、圆雕和剔地雕等木雕工艺结合使用，以表现装饰细节，增强雕刻对象的形体感，如图5.5所示。

6. 混雕

混雕是将圆雕与镂空的高、浅浮雕结合起来的木雕工艺，有利于增强物象的层次感，使造型表现得更加准确，形象更加圆润丰满。为让整个画面的布局更加精准，空间感更强，形成了高、浅浮雕之中有圆雕，圆雕之技用于高、浅浮雕的艺术形式，如图5.6所示。

江华宝镜古民居大门

祁阳陈桥村古民居大门

图5.5　线雕

新田谈文溪家庙戏台骑门梁

宁远骆家村骆氏宗祠戏台骑门梁

图5.6　混雕

二、湘南（永州）石刻工艺

湘南（永州）多为丘陵地貌，山丘又以石山为主，盛产花岗岩。花岗岩质地坚硬，色泽美丽，是很好的建筑材料，多用于承重部位和各种石材装饰部位。石刻工艺常用于门框、门槛、门枕石、台阶、柱础、梁枋、栏杆、栏板、天井、石牌坊以及建筑转角处的承重条石，同时有大量的石雕牌坊分布在宗祠建筑中。

湘南（永州）古建筑石刻题材及纹样包括花鸟、山水、瑞兽、神话故事、生活场景、简单几何纹路等。以明清石刻为主，明代石刻简洁素朴，清代混合技法较多，造型生动，内容丰富。早期，石刻技法多采用线刻与沉雕，后发展出更为复杂的雕刻手法，在满足实用功能的基础上衍生出了审美需求，其工艺承袭木雕技法，装饰题材丰富，技法成熟，包含浮雕、圆雕、沉雕、线雕和透雕五大类，以及最为基础的素平。

1. 素平

素平，即在平滑石面上刻装饰纹样，或指单纯的素面。素平工艺为人工将石面凿平，或是在石面上凿出简单的斜线，做防滑处理，或稍作装饰之用。湘南部分普通民居中的台阶、石条窗、石门框、简易的门枕石、方墩以及建筑转角处的承重条石，因处于易磕碰或踩踏的位置，较少装饰，常做素平处理，如图5.7所示。

新田河山岩古民居转角石柱

宁远小桃源古民居锁口石

图5.7　素平

2. 浮雕

浮雕亦称阳刻、铲花，是以凿、刻等手法在石构件平面上形成不同层次画面的石刻工艺。具有题材丰富、拘束性小和立体感强的特点，层次分明，工艺也不复杂，是最常见的雕刻技法。多用于门槛、门枕石、柱础、天井、石牌坊及建筑转角处承重条石的装饰。与木雕工艺中的浮雕技法类似，石刻工艺中的浮雕同样可根据其脱石深浅的程度分为浅浮雕和高浮雕，如图5.8所示。

浅浮雕脱石程度浅，平面感较强，更接近线刻与绘画艺术形式，以略微突出的层次来表达透视效果与装饰纹样。湘南（永州）传统民居较重视实用功能，因此普通民居在门槛、门枕石、柱础及承重条石等易磕碰的功能构件上多采用浅浮雕工艺技法，内容丰富，题材以花鸟虫鱼、珍禽异兽和神话传说为主。

高浮雕脱石深、起伏大，部分处理技艺类似于圆雕手法，可形成强烈的空间感和立体感。常见于宗祠建筑和部分民居中的须弥座、石鼓、石墩及柱础装饰。内容多以主题性写实手法表现，一般装饰在较显眼的构件上。

3. 圆雕

圆雕又称立体雕、四面雕，是装饰题材在石雕上的立体化表现。圆雕重在表现构件的整体轮廓形态，较少表现过于复杂、曲折的故事题材或场景，立体感强是其最大的特征。圆雕工艺善于塑造逼真的整体视觉形象，再加上石刻结构稳定的材料特性，给人以稳重、敦实、沉稳的感受，常见于宗祠、庙宇建筑中，常用于门墩、石狮、石鼓、石柱和柱础装饰。圆雕常与精细线雕、浮雕、镂雕相结合，塑造的物象结构匀称，形态逼真，如图5.9所示。

高浮雕（宁远文庙石牌坊）

高浮雕（宁远文庙五龙丹墀）

高浮雕（宁远文庙石鼓）

浅浮雕（宁远文庙抱鼓）

图5.8　浮雕

零陵文庙大象石兽

宁远文庙石柱

图5.9　圆雕

4. 沉雕和线雕

湘南（永州）古建筑石雕装饰中的沉雕与线雕在施艺理念上有相通之处，但技法上有所不同。

沉雕又称水磨沉花，是在石质建筑构件如门枕、牌碑、天井壁堵等表面，利用凿、刻等手法使建筑材料表面产生凹凸，形成顿挫、深浅的装饰效果的工艺技法。在湘南（永州）古建筑中，沉雕大多与浮雕、线雕等其他雕刻技法结合使用。

线雕是融合绘画的写意、线条造型和传统笔法，在构件上用阴线塑造题材的雕刻工艺。以线条深浅、粗细程度展现作品的立体感，又称为"石刻画"，其装饰效果介于绘画和雕刻之间。一般用于建筑构件的局部装饰，如门槛、门枕石、柱础、花边、窗框、承重条石等的框线，且常用于对各个石雕构件进行细节处理。沉雕与线雕的应用如图5.10所示。

5. 透雕

透雕由浮雕发展而来，相较于浮雕更具穿透性，供一面或两面观赏。湘南（永州）古建筑中的透雕多为双面透雕，在石牌坊和石窗中应用较多，观赏性强，层次丰富，形象立体，装饰效果介于圆雕和浮雕之间。

沉雕（宁远下灌村古民居门槛）

线雕（双牌五里牌古民居门框）

图5.10　沉雕和线雕

三、湘南（永州）壁画彩绘（彩画）工艺

湘南（永州）古建筑装饰中的彩画多接近于苏式彩画，既有工笔重彩的装饰风格，也包含水墨的渲染技巧。彩画题材丰富，富含生活气息，画面清新，包括戏曲、山水、花鸟等主题彩绘，以及书法作品等，因湘南（永州）地区重视文教，常可见各代名流的题壁手迹。彩画常出现在古建的外立面、檐口下方、山墙、墀头、门楼、门罩、窗楣、梁柱、天花藻井、雕花、牌匾等部位。壁画彩绘与木雕相结合的形式，通常存在于宗祠等公共建筑中。

湘南（永州）古建筑中的彩画可根据装饰形式分为以下三类，如图 5.11 所示。

第一类，平面作画。在石灰磨平的基础上或者木板上作画，颜料为墨汁或由矿物质色粉和牛皮胶调配而成。多装饰于山墙、檐下、墀头、门板和天花藻井处，既有内容丰富的纹样，又有简单明快的表现方式。

第二类，作为灰塑浮雕的装饰。由于彩画不堪雨水的冲刷，多集中存在于屋檐的下方，如外墙檐口、山墙楚花。

第三类，雕彩结合。即木构件在雕刻后饰以彩绘。常见于宗祠、庙宇建筑中的门楼、骑门梁、撑栱、雀替和梁枋端头，以黄、青、黑、赤、白五色为主，结合木雕的浮雕、透雕和圆雕技法，既能保护木构件，又能增强其装饰性。

墙面彩绘（云龙牌坊门楼内墙）

平面作画（宁远文庙藻井彩绘）

墙面泥塑浮雕装饰（蓝山虎溪古民居檐墙）

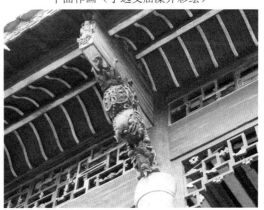

雕彩结合（宁远文庙撑栱）

图5.11　壁画彩绘（彩画）工艺

四、湘南（永州）灰塑工艺

灰塑古称泥塑或灰批，是相对于彩塑而言的，其历史渊源甚早，明清时最为盛行，多装饰在祠堂、寺庙和富裕人家的民居中。灰塑的原料为生石灰、纸筋、稻草，为了增加其黏度，湘南地区常加入糯米粉混合使用。灰塑具有硬度高、防水性好等特点，在湘南地区得到广泛应用，常用于门楼、门罩、屋脊、山墙、窗框和建筑外立面等部位，如图5.12所示。在灰泥中加入矿物质色粉调整色彩，增加其表现力，因其材料特性适宜塑造各种形态的纹样，且耐晒耐潮，在湘南民居中常用于位置较高的装饰。灰塑造型精美、色彩丰富，题材多为生活场景、神话人物、瑞兽、花鸟虫鱼、山水等，以及书法。

湘南传统民居中的灰塑常用彩描、浮雕、圆雕和透雕等多种造型手法，以适应不同部位的装饰需求。

其中灰塑中的浅浮雕常与彩绘结合使用，称为彩描，又称墙身画，以灰塑作底，模仿工笔画，描绘花鸟、瑞兽、山水、人物等图案。墙身画的抗腐蚀性不强，常用于檐下或室内门框上方的墙面装饰。浅浮雕和高浮雕为用灰泥塑造各种题材的装饰，主要用于门楼、门罩、窗楣、花窗窗框、山墙、檐下墙面和墀头处，立体感较强。

灰塑中的圆雕技法为，以木条、竹木或铁丝作为龙骨，插入墙面砖缝，用灰泥填补以保持稳定，然后在上面涂抹灰泥，待塑泥干度合适时，在塑泥之上挤、剔、旋、拉、雕刻塑性。圆雕造型极具立体感，最能体现灰塑中圆雕技法的装饰艺术与高超技艺。常见于屋脊脊花、山墙翘角、吻兽和墀头处，题材一般为神话人物、珍禽异兽等。湘南地区极富地方特色的封火山墙，其翘角高而挺拔，多采用灰塑圆雕技法雕刻卷草纹、燕尾等纹样，或各种吻兽。

堆塑（宁远文庙门头）

浮雕灰塑（宁远文庙山墙）

彩描泥塑（楼田古民居内侧院墙）

浮雕泥塑（谈文溪古民居门头）

图5.12　灰塑工艺

五、湘南（永州）砖雕工艺

砖雕，俗称花砖，是民间工匠运用凿子和木槌以锯、钻、刻、磨等手法把青砖加工成蕴含吉祥内容，并作为建筑物上某一部分的一种装饰的技艺，是模仿石雕的一种雕饰类别。湘南地区的砖雕不多，只在照壁、门楼、墀头、饰脊、山花等处略作装饰，如图5.13所示。

图5.13　砖雕工艺（祁阳元家庙古民居山墙披水）

■ 第二节　湘南（永州）古建筑装饰纹饰及其文化内涵

湘南（永州）古建筑装饰纹饰具有深厚的文化底蕴，承载着传统的民情、民俗，蕴含着丰富多彩的含义，多以象征、谐音等手法，直接或含蓄地表达人们趋利避害、祈求吉祥的愿望，体现了人民对美好生活的憧憬。

鉴于湘南（永州）现存古建筑多为明清时期的遗存，明清以前的古建筑纹饰本节不涉及。

一、湘南（永州）古建筑主要纹饰

湘南（永州）古建筑纹饰有上百种，每种纹饰均有其自身的故事，带有深刻的文化寓意，以下将对湘南（永州）古建筑装饰的主要纹饰加以阐述。

1.基础纹饰

湘南（永州）古建筑装饰的基础纹饰，如图5.14所示。龙纹多作为主题图案；几何纹、祥云纹、如意纹和卷草纹多用于丰富表达、烘托主题。低等级或普通人家的古建筑装饰中往往只有简单的基础纹饰，高等级或富贵人家的古建筑纹饰则更加富丽，多作为图案、绘画的底纹或背景出现。基础纹饰及其寓意如表5.1所示。

正龙纹

草龙纹

祥云纹（地纹）

如意纹

回形纹（几何纹）

几何纹

图5.14　基础纹饰

表5.1　基础纹饰及其寓意

名称	寓意
龙纹	龙的形象广泛出现在湘南（永州）古建筑中。在宋代，龙纹象征皇帝权威，至高无上。到明代，龙纹为古建筑中最常见的纹饰，分为正龙、草龙，正龙纹一般出现在比较重要的庙宇、帝王宫廷及亲王、世侯家族的建筑上，草龙纹在民间宅院中较为普遍
几何纹	早期出现在青铜器上，在湘南（永州）现存古建筑中并不存在，但在湘南汉砖中普遍存在，而且形式多样。几何纹是对自然界和人类社会进行图案化的描绘，比如三角形可能表示山，云雷纹的圈、弧线，表示自然界的云和雷。后演变成勾连云纹、回形纹（以连续的"回"字形线条构成），如意云纹（祥云）象征着吉祥永恒。在明清、湘南（永州）古建筑石雕、木雕上普遍存在，多作为烘托主题纹饰的地纹
祥云纹	是我国传统吉祥图案的代表，同龙纹一样，都是具有独特含义的中国文化符号。寓意祥瑞之云气，表达了吉祥、喜庆、幸福的愿望以及对生活的美好向往。祥云纹在古建筑石雕上一般作为地纹出现
如意纹	为佛家八宝纹之一，寓意吉祥、事事如意
卷草纹	一般出现在古建筑石雕上，常作为地纹，寓意永恒

2. 常用单一纹饰

常用单一纹饰如图 5.15 所示，常用单一纹饰及其寓意如表 5.2 所示。

凤凰（左）

鹤（两侧）

鼠

麒麟

莲花

缠枝花

牡丹

梅

菊

图5.15　常用单一纹饰

表5.2　常用单一纹饰及其寓意

名称		寓意
动物	龙	在中国传统文化中，龙具有极其重要的地位，为四大圣兽之一，寓意吉祥、尊贵
	凤凰	亦称"凤皇"，百鸟之王，雄为"凤"，雌为"凰"，总称凤凰。寓意祥瑞，凤凰齐飞，是吉祥、和谐的象征
	鹤	在中国传统文化中，鹤寓意长寿、祥瑞，明、清时期常见松鹤图及云鹤图，寓意"仙鹤遐龄""云鹤仙境"，均带有浓厚的道家文化色彩
	鸡	为六畜之一，虽称不上高雅，却是日常生活中常见的，为官、民生活中必不可少的。鸡多产，暗合中国传统文化中祈求多子的愿望。常见的有五鸡图，寓意人间五伦
	蜜蜂	寓意勤劳、甜蜜
	鼠	寓意机巧锐敏、乐观，象征富贵发财
	虾	寓意顺利、活力、节节高升、吉祥讨喜
	青蛙	为民俗中的吉祥动物，寓意四通八达，财源广进。祈求多子多孙，民间传说青蛙是雷神之子，祭祀蛙神可求得风调雨顺
	鱼	象征富贵有余、年年（连年）有鱼，鱼与海水纹饰同时出现，寓意鲤鱼跃龙门
	狮	象征权力与威严，为祥瑞之物。太师、少师，象征当官、当高官
	麒麟	中国传统瑞兽，麒麟出现处必有祥瑞。据记载，孔子与麒麟密切相关，相传孔子出生之前和去世之前都出现了麒麟。据传孔子出生前，有麒麟在他家的院子里"口吐玉书"，书上写道"水精之子，系衰周而素王"，意为孔子虽未居帝王之位，但具帝王之德。"麒麟吐书""麒麟送子"纹饰在湘南（永州）古建筑中普遍存在，寄托人们希望家族降生像孔子一样的文化人的愿望
植物	莲花	最早出现于东汉，与佛教文化有关，象征圣洁。荷（莲）与"和"同音，象征百年好合、和谐。莲花为湘南（永州）古建筑的主题纹饰
	牡丹	牡丹作为装饰纹饰始于唐代，这与唐代人（或说武则天）偏爱牡丹有关，象征富贵荣华。在湘南（永州）古建筑中普遍存在
	菊花	象征长寿，古为长寿花
	梅花	寓意顽强、雅致、贞节、高洁，同时象征着五福，即欢乐、美好、长命、顺遂、平安
	南瓜	寓意寿比南山，瓜蔓不断，象征子孙绵延不绝
	缠枝花	牡丹、莲花、菊花等构成缠枝花，象征永恒、富贵、长寿、圣洁

续表

名称		寓意
其他	八仙	"八仙图"分"人物八仙"与"暗八仙"。"暗八仙"是指画面不出现八仙人物，而用其所持物代表八仙。八仙及其所持物分别为汉钟离——扇，张果老——鼓，铁拐李——葫芦，曹国舅——玉板，何仙姑——莲花，吕洞宾——剑，蓝采和——花篮，韩湘子——笛
	太阳	象征男性，寓意运动、生长、活力、刚强
	琵琶	是四大天王中持国天王的宝物，寓意风调雨顺，另寓意"知音"

3. 组合纹饰

组合纹饰如图 5.16 所示，组合纹饰及其寓意如表 5.3 所示。

十二生肖

芙蓉牡丹

图5.16 组合纹饰

表5.3 组合纹饰及其寓意

名称	寓意
松竹梅（岁寒三友）	是中国传统文化中高尚人格的象征，也借以比喻忠贞的友谊
梅兰竹菊（四君子）	品质分别为傲、幽、坚、淡。梅高洁傲岸，兰优雅空灵，竹虚心有节，菊冷艳清贞
三秋图（菊、马兰花、梅）	高洁、坚贞
蝙蝠奔鹿	福禄双全
花瓶牡丹	富贵平安、一品富贵
笔锭如意	必定如意
戟磬花瓶	吉庆平安
五朵梅花	梅开五福
红彩蝙蝠	洪福齐天
马、蜂、猴	马上封侯
莲花三箭	连中三元（指科举考试中，连续考中乡试、会试、殿试第一名，分别为解元、会元、状元）
官人与鹿	高官厚禄
五蝠捧寿字	五福添寿
牡丹蝴蝶	富贵无敌
芙蓉牡丹	荣华富贵
竹梅绶带鸟	齐眉到老
春燕桃子	长春比翼

名称	寓意
绣球锦鸡	前程似锦、锦绣前程
水仙海棠	金玉满堂
秋葵玉兰	玉堂生辉
梅花喜鹊	喜上眉梢
一蝠一桃	福寿双全
二桃二蝠	福寿双全
二桃	福寿双全
鹭鸶芙蓉	一路荣华
鹭鸶牡丹	一路富贵
洞石蝠海	寿山福海
兰花和桂花	兰桂齐芳（喻子孙昌盛）
荷花和灵芝	和合如意
梧桐喜鹊	大家同喜
四笑童子	四喜人
豹子喜鹊	报喜
二喜鹊钱	喜在眼前
一罐一喜鹊	欢天喜地
云龙鲤鱼	鲤鱼跃龙门（喻青云得志、飞黄腾达）
一龟一鹤	龟鹤同龄
仙鹤松树	松鹤延年
鹤鹿松树	鹤鹿同春
蝠桃梅如意	三多九如（喻福寿延绵不绝）
喜鹊、桂花各三（或喜鹊、元宝各三）	喜报三元
穗瓶鹌鹑	岁岁平安
鹿桃蝠喜字	福禄寿喜
蝠寿盘肠	福寿无边
桃蝠灵芝	福至心灵
数柿桃子	诸事遂心
大象万字纹花瓶	万象升平
四童抬瓶	四海升平
雄鸡小鸡	教子成名
雄鸡鸡冠花	官上加官
五柿海棠	五世同堂
二笑童子	喜相逢
花瓶爆竹	祝报平安
瓶笙三戟	平升三级
两柿如意	事事如意
松柏灵芝柿	百事如意

4. 其他纹饰

（1）佛家八宝。

佛家八宝纹饰如图 5.17 所示，佛家八宝纹饰及其寓意如表 5.4 所示。

罐（或称宝瓶）

万字纹

图5.17　佛家八宝纹饰

表5.4　佛家八宝纹饰及其寓意

名称	寓意
法轮	轮回永生
宝伞	普度众生
华盖	普度众生
莲花	洁白清净
罐（或称宝瓶）	功德圆满
金鱼	生机勃勃
波浪（回纹）	轮回永生
卍	俗称万字纹，又名吉祥海，象征佛（如来等）

（2）季相花纹饰。

晚清时期湘南（永州）古建筑木雕板、画板、画屏等出现四季花、十二月花卉、十二月花神等纹饰，这里略作介绍。

①四季花：春兰、夏荷、秋菊、冬梅。

②十二月花卉、花神，由于涉及花的品种及人物较多，历来存在多种说法，这里取较通用的说法，如表 5.5 所示。

表5.5　十二月花卉、花神及其寓意

名称	寓意
正月梅花神	寿阳公主，相传是宋武帝刘裕的女儿，世人传说寿阳公主是梅花的精灵变成的。《杂五行书》载：宋武帝女寿阳公主，人日卧于含章殿檐下，梅花落公主额上，自后有梅花妆
二月杏花神	杨玉环（杨贵妃），死于杏花树下
三月桃花神	息夫人，春秋四大美人之一，息国侯夫人
四月牡丹神	丽娟，汉武帝宠妃
五月石榴花神	卫氏，姓卫，名铄，东晋女书法家，汝阴太守李矩之妻
六月荷花神	西施，越王勾践卧薪尝胆故事中的美人
七月葵花神	李夫人，汉代音乐家李延年之妹，美丽、能歌善舞、倾国倾城
八月桂花神	徐贤妃，唐太宗李世民妃子徐惠
九月菊花神	左贵嫔，晋朝大文学家左思的妹妹左棻，因才貌出众，被封为左贵嫔
十月芙蓉花神	花蕊夫人，后蜀费氏，青城人，以才色入蜀宫，号花蕊夫人。因蜀地广植芙蓉，后人称其为芙蓉花神
十一月茶花神	王昭君，"昭君出塞"的故事世代流传
十二月水仙花神	洛神，相传为伏羲之女，名宓妃，在渡洛水时被淹死，成了洛水女神，是美丽的代名词，《离骚》《洛神赋》等作品均对其有所描述

二、湘南（永州）古建筑装饰纹饰文化内涵

（一）湘南（永州）古建筑装饰纹饰寓意表现手法

湘南（永州）古建筑装饰纹饰多以象征、谐音或比拟的手法，寄托人们对美好幸福生活的期盼。

1. 象征

湘南（永州）古建筑装饰常以象征的手法表示吉祥的含义，如表5.6、图5.18所示。

表5.6　装饰纹饰及其象征含义

名称	象征含义
桃	福寿
龟	长寿
石榴	多子
鹌鹑	平安
喜鹊	喜庆
蝙蝠	多福
鸳鸯	成双成对、爱情
鹿	禄位
宝珠	佛
燕子	友谊
蜘蛛	喜从天降
灯笼	兴隆
狗	忠诚
象	万象更新
稻谷	丰收
马	义
羊	孝、吉祥
风筝	五谷丰登
百结	百子
白头翁	白头偕老
荷花	出淤泥而不染
芦苇	禄位、节节高
梅花	五福（五瓣象征快乐、幸福、长寿、和平、顺利）

羊——吉祥

蜘蛛——喜从天降

桃——福寿　　　　　　　　　　　　　　　　　　　百结——百子

图5.18　湘南（永州）古建筑中的象征表达

2. 谐音

湘南（永州）古建筑装饰纹饰常以谐音来表达人们对生活的美好愿景，如表5.7、图5.19所示。

表5.7　装饰纹饰及其谐音含义

名称	谐音含义
蝠	福
梅	眉
桂	贵
藕	偶
鹿	禄
羊	祥
鱼	余
杏	幸
狮	帅
菊	足
金鱼	金玉
鲶鱼	连年有余
柏	百
橙	程（前程）
天竹	天祝

羊——祥

鹿——禄

蝠——福

狮——师

图5.19　湘南（永州）古建筑装饰中的谐音表达

（二）湘南（永州）古建筑装饰纹饰寓意

湘南（永州）古建筑装饰纹饰从寓意上大致分为宗法礼制、祈福、辟邪、喜庆、长寿等，后四者皆属于"吉祥"的语义范畴。

1. 宗法礼制

古建筑装饰作为民间古代文化现象的反映，符合儒家宗法礼制的思想内涵。儒家提倡德政、礼治和人治，强调道德感化，以礼、义、廉、耻、仁、爱、忠、孝作为基本价值观。即提倡"忠、孝、廉、节"的目的在于补充、完善宗法礼制规范体系，形成符合封建统治者要求的社会秩序和伦理道德。于是，在湘南（永州）古建筑装饰中出现了大量褒扬孝悌忠信、礼义廉耻的题材，通过隐喻的表现手法，

以戏曲人物、古代英雄、小说演义、神话传说、寓言故事等形式表现出来，潜移默化地影响人们的思想和行为，起到"成教化、助人伦"的作用，达到敬祖启后、尊老爱幼、修身齐家等道德教化的目的。宋朝理学创始人周敦颐的《爱莲说》为世人所传颂，"濂学"思想成为湖湘文化的源头。中庸、崇礼、忠义、思荣、及第等传统思想均对湘南（永州）古建筑装饰的题材、内容、形式等产生了深远的影响。

反映儒学、理学、玄学等思想的题材众多。如三只缸五人吃酒寓意三纲五常（君臣、父子、夫妇为三纲，仁、义、礼、智、信为五常），凤、鹤、鸳鸯、白头翁、燕寓意五翎（即五伦：君臣、父子、夫妇、兄弟、朋友中的伦理道德），还有二十四孝（孝感动天、戏彩娱亲、鹿乳奉亲、百里负米、啮指痛心、芦衣顺母、亲尝汤药、拾葚异器、埋儿奉

母、卖身葬父、刻木事亲、涌泉跃鲤、怀橘遗亲、扇枕温衾、行佣供母、闻雷泣墓、哭竹生笋、卧冰求鲤、扼虎救父、恣蚊饱血、尝粪忧心、乳姑不怠、涤亲溺器、弃官寻母），苏武牧羊，三国演义，精忠报国，竹林七贤，伯牙鼓琴，伯夷叔齐，太公钓鱼，忠孝节义，累世同居，渔樵耕读，连中三元等。也有以礼、义、廉、耻、仁、爱、忠、孝为内容，以文字的形式，雕刻成匾额、中堂、隔扇、屏风，

作为族训、家训，教化后人。由此可见，湘南（永州）古建筑装饰深深地扎根于儒学、理学思想的土壤之中，也丰富了自身独特的艺术形式与精神内涵。

在零陵文庙大成殿正殿，内设神案为汉白玉打造，长6.2m，宽2.7m，高1.7m，上雕人物、花草纹样，正前饰双龙戏珠浮雕，神案上供奉孔子揖礼佩剑之圣像。体现"宗法礼制"文化内涵的湘南（永州）古建筑装饰如图5.20所示。

君臣纲纪

孔子揖礼佩剑像（零陵文庙）

入平仲学（孔子讲学）

文房四宝

惜字塔（宁远骆家村）

四君子

图5.20　体现"宗法礼制"文化内涵的湘南（永州）古建筑装饰

2. 祈福

自古以来，湘南（永州）人民就有"合家幸福、人财两旺、健康长寿"的世俗文化追求，并逐渐形成了特色的祈福文化。古建筑装饰艺术同样融合了"祈福"的文化内涵，表达人们对未来美好生活的盼望。故事场景包括耕种、收获、桑蚕、纺线、织布、放牧、狩猎、裁缝、商贾、娱乐、情爱等生活的各个方面，还有飞禽走兽，如鸡、鸭、鹅、兔、猪、牛、马、鹿、蝙蝠、鱼虾等，以及植物花卉、蔬菜瓜果之类。门楣、梁、柱上的龙、凤、麒麟、狮子，则作为吉祥物寓意吉利。

另有许多汉字本身就有鲜明的吉祥含义，湘南（永州）古建筑中用得很多，如福、禄、寿、富、贵、春、正、吉、太等。云寓意鸿运、幸运，蝙蝠寓意遍福、遍富，蝙蝠与云组合寓意福自天来、洪福齐天，猫蝶寓意耄耋、富贵。此外，还有福禄寿三星、三友拱寿、八仙拜寿、吉庆有余、五谷丰登、平安如意、喜上眉梢、龙凤呈祥、鱼跃龙门、太师少师等木雕主题。体现"祈福"文化内涵的湘南（永州）古建筑装饰如图5.21所示。

八仙拜寿（木刻彩绘）

二龙戏火球（木刻彩绘）

鱼跃龙门（左）

松鹤延年

龙凤呈祥

海晏河清

喜上眉梢

洪福齐天

图5.21 体现"祈福"文化内涵的湘南（永州）古建筑装饰

3. 辟邪

　　湘南（永州）古建筑装饰深受宗教文化、宗族文化的影响，加之湘南古时曾属楚，信鬼好祀，乐舞娱神遗风浓厚，因而形成奉神、酬神、祭祖、立祠堂、设神龛、拜菩萨的习俗并世代相袭。古建筑装饰中富含佛教、道教中的人物像，宗族里的祖先像。在湘南普遍有信仰"吞口神"的风俗，一些面目狰狞、形象恐怖、怒目圆睁、阔嘴獠牙、手持利剑、身怀异禀的神怪形象常作为镇宅造型出现，以起到"驱鬼、避邪、除祟、镇宅、纳福"的重要作用。如门头上威猛的吞口神、门璋上勇武的将军及八卦太极图案，就有镇邪祛邪的寓意。体现"辟邪"文化内涵的湘南（永州）古建筑装饰如图5.22所示。

五岳闹春（江永松柏宗祠）

神龛（宁远文庙）

菩萨像（宁远下灌古村落）

吞口神（宁远下灌古村落）

太极门簪（新田河三岩古村落）

祭祖神龛（宁远骆家村古民居）

图5.22 体现"辟邪"文化内涵的湘南（永州）古建筑装饰

4. 喜庆

湘南（永州）古建筑装饰中，利用谐音来表达喜庆的题材较多。常见的梅花、鸳鸯、喜鹊、奔鹿、鲤鱼等图案，都表达了人们欢愉、喜悦的心情。比如，梅花与双鹿相配被称为"眉开双乐"，喜鹊与梅花在一起被称为"喜上眉梢"，喜鹊登在结有三颗圆果的枝头上被称为"喜中三元"。喜鹊与鹿在一起构成"喜乐图"，喜鹊、磬、鲤鱼组成"喜庆有余"，鸳鸯与莲花或与月季一起构成"鸳鸯戏水/鸳鸯并莲"或"月季鸳鸯"，这都有表达婚姻美满、夫妻和谐的吉祥含义。公鸡与大象或与菊花构成的图案，利用了鸡与象的谐音，表示"吉祥"；鸡与菊，表示"居家吉祥"；鹌鹑与菊花，表示"安居乐业"。大狮小狮就是太师少师，寓意官运亨通，爵位世袭，子承父业。鲤鱼跳龙门，比喻科举高中。此外，还有室（石）上大吉（鸡）、六合（鹿、鹤）同春、三阳（羊）开泰、英（鹰）名万古、一路（鹭）连（莲）科、五福（蝠）临门、平（瓶）安如意、马上封（蜂）侯（猴）等。体现"喜庆"文化内涵的湘南（永州）古建筑装饰如图5.23所示。

太师少师

马上封（蜂）侯（猴）

马步如飞

富贵吉祥（右）

喜上眉梢

英（鹰）名万古

三阳（羊）开泰（宁远骆家村）

喜乐图

图5.23　体现"喜庆"文化内涵的湘南（永州）古建筑装饰

5. 长寿

长寿，在中国古建筑装饰中常以仙鹤、松柏、灵芝、祥云、鹿、仙桃等象征，有"松鹤延年""万福万寿""祥云鹤寿""松柏长青"等图案。受农耕文化中封建思想的影响，多子成为婚姻美满、家族兴旺、种族延续的象征，谓之多子多福长寿，其代表性图案有"鱼戏莲"、"双鱼嬉戏"、"绵绵瓜瓞"（图5.24）、"老鼠葡萄"、"石榴蹦子"、"狮子滚绣球"等，这也成为湘南（永州）古建筑装饰的传统题材表现内容，在明清建筑门窗上被广泛运用。图案中一般体现的是阴阳（女男）之间的欢爱，又把鱼、莲、老鼠、葡萄的多子寓意为人的多子，以传达家族兴旺的愿望；"绵绵瓜瓞"正是子孙繁衍昌盛的意思；"狮子滚绣球"也表达了人

的寿命不断延伸的愿望等。这些依附在湘南（永州）明清古建筑上的装饰图样不仅表达了人们渴求生命繁衍、多子多福的美好愿望，也展现了一个充满吉祥含义的情感艺术世界。

图5.24　体现"长寿"文化内涵的湘南（永州）古建筑装饰（绵绵瓜瓞）

第三节 湘南（永州）古建筑各部位装饰艺术

湘南（永州）古建筑装饰以朴素为主，重点用于大门、窗、隔扇、梁架、屋脊、山墙、藻井、柱础等部位。其中，厅堂正厅部分、供奉祖先神位的神龛更是重点装饰的部位。因经济收入、文化等差异，民居虽布局大体一致，但是装饰上各有不同，或古朴简约，或含蓄沉稳，或高雅素洁。

一、大门装饰艺术

大门不仅是居民出入必经之地，更是一户财力、社会地位的象征，即所谓的"门第等次"。大门通常由门扇、门框、门槛、门枕和匾额组成。门扇为实木板门，门框由石质或木质材料构成，大部分民居门框为青石条和原木，不加以装饰，部分民居门框雕刻有简单的草花图案浮雕（图5.25）。门框上部为中槛，中槛常饰以门簪。门框下端称为下槛，为木质或石质，下槛的高度一般较高，具有防止雨水和户外积水进入户内等作用。古代制法规定，只有朝廷官员才能在住所正门之上装饰门楣，普通百姓不具备建造门楣的资格，因此在湘南（永州）古建筑中只有部分官宦人家将由粗重实木所制的门楣置于门框之上。在部分无院落的单体建筑中，平板门扇外常增设齐腰或略高的栏栅门，在不影响通风采光的同时，防止小孩外出或鸡、狗等动物进入屋内。在此基础上，部分建筑设有门罩、门楼、门斗、门廊等，以增加"门脸"的气派之感。大门除了能挡雨外，还是湘南（永州）民居外立面重点装饰部位。

石门框（双牌坦田古民居）

石门框细节（双牌五里牌古民居）

栏栅门（宁远下灌古民居）

石门框细节（江华井头湾古民居）

图5.25 门框

1. 门罩、门楼

门罩即结构和造型较为简洁的门楼。门罩多用于湘南天井式民居侧面的腰门，门楼则多见于宗祠建筑的大门，具体形制如图5.26所示。湘南（永州）古建筑的门罩通常是在门头外墙上用青砖垒砌出外挑墙面的形状，在顶部砌出小挑檐，下伸檐口，上覆瓦片，类似于屋檐，以遮风挡雨。在外挑出的青砖之上涂抹掺有糯米粉和禾秆的石灰，塑造出双角

起翘的挑檐、曲线线脚、叠涩、匾额等构件。部分门罩主体两侧有低于其本身的两个单侧小挑檐，形式类似于门罩主体，高低错落有致。门罩上饰以生动的花卉卷草、寓意吉祥的飞禽走兽浮雕或彩绘，具有极高的艺术价值。湘南（永州）古建筑门楼主要用于正中开门的住宅民居或者宗祠建筑，在门罩的形制基础上，总体结构仿照木牌楼，多采用四柱三开间式，装饰的精美程度胜于门罩，气派非常。

勾蓝瑶寨古民居门罩

江永上甘棠古民居门罩

谈文溪古民居门楼

江华井头湾古民居门楼

图5.26　门罩、门楼

2. 门斗、门廊

凹入式门斗常见于湘南（永州）古建筑正入口大门，是建筑出入口一个起分隔、挡风、御寒等作用的空间。门斗上方檐底常使用彻上明造手法，直接将梁架展露出来。部分在檐底天花顶棚饰以精美的木雕、彩绘，装饰效果极佳。至于门廊形制，不

同于凹入式门斗，在建筑本体前沿设立一列柱子，在门前形成一个室内外过渡的柱廊空间。廊不仅有为人们遮阳挡雨的功能，还在一定程度上保护了外墙面，减少了雨水的侵蚀。

湘南（永州）部分民居建筑的大门采用门廊形式，如祁阳龙溪村和元家庙村的古民居，其门廊由

廊柱支托大出檐，开阔大气，富有张力。另外，一字门也是湘南（永州）古建筑大门的一种，装饰较简单，只在门框上方墙体凹入一方匾额，颇有回归

自然的务实之感，极具生活气息。门斗、门廊式样如图 5.27 所示。

双牌坦田村古民居门斗

江华宝镜何家大院门斗

祁阳元家庙古民居门廊

祁阳龙溪古民居门廊

图 5.27　门斗、门廊

3. 匾额

匾额（图 5.28）为古建筑的画龙点睛之处，匾表经义与感情，额表建筑的名称与性质。湘南（永州）古建筑的匾额常置于门簪之上或门罩的下枋处，以三、四字居多。其一为反映建筑物名称和性质，其二为表达歌功颂德、绘景抒情、述志兴怀等适情应景之主题。匾额是民居装饰和文化表达相结合的完美产物，是当地社会政治、文化，以及人们精神追求的缩影。

4. 门槛

门槛最初的功能是防止户外积水进入屋内，湘南（永州）古建筑门槛多为石质，一般都较高，一是为了防雨防潮，二是受风水理念影响，先民认为门槛可将地气拦截于屋内，不让其散去，高门槛可聚财运。由于门槛为承重部位，且在人们出入时经常被磕碰，故不作复杂的雕饰，在其上方和背面不设装饰，只在正前方饰以浅浮雕，增强整体观赏效果，如图 5.29 所示。

宁远文庙竖匾额

江华宝镜何家大院横匾额

宁远云龙牌坊匾额

节孝亭石匾额

图5.28　匾额

双牌坦田村古民居门槛

江华宝镜何家大院门槛

宁远下灌村古民居门槛

江华井头湾古民居门槛

图5.29 门槛

5.门枕

门枕（图5.30）俗称"门墩"，主要放在大门处底部两侧，多为长条形状，一侧在门外，一侧在门内，且中间有一处凹槽以安置门的下槛，而门内部分上方则有一处凹穴，其学名为海窝，供门轴转动。门枕作为门构件的一部分，起到支撑门框、门轴，装饰大门的作用，是集实用与美观于一身的构件，也是身份和地位的象征。湘南（永州）古建筑中的门枕石分为两类，一种是抱鼓石，又称石鼓或石球，由须弥座和圆鼓组成。抱鼓为竖立的鼓，其鼓面与侧面通常雕刻各类吉祥纹样。另一种是方形的门箱，

形状如箱子，由须弥座和方形石组成，正面和侧面有雕花。普通民居的石方箱无雕饰，仅起功能作用。

6.门簪

门簪（图5.31）又称元宝墩。湘南（永州）古建筑中的门簪是纯粹的装饰物。门簪标志着一个家族的身份、地位，具有厚重的精神文化内涵。湘南（永州）古建筑中的门簪多为木质，呈圆形或多边形，通常为两枚。门簪正面多刻以太极八卦、莲桃结合和花鸟鱼虫等纹饰，侧面则多刻六边形中嵌吉祥宝物、花草纹饰和福禄寿纹饰。正侧两面纹饰各不相同，相辅相成。

宁远文庙抱鼓石

楼田村古民居门枕

江华宝镜何家大院抱鼓石

宁远下灌村古民居门枕

图5.30　门枕

图5.31　门簪

二、隔扇、窗装饰艺术

1. 隔扇

隔扇（图 5.32）又称长窗，一般由外框、格心、夹堂板和裙板四部分组成。外框，是长窗的外部框架。格心，又称窗棂、格眼或者花心，起采光、通风的作用，也是隔扇上进行装饰的主要部位。夹堂板，也称绦环板，在隔扇的下方位置，在湘南（永州）古建筑中通常为素面或饰以简单图案的剔地雕。

裙板，隔扇中以木雕装饰的重点部位，装饰图案以吉祥植物、吉祥动物为主。

湘南（永州）古建筑中厅、堂面向天井的隔扇为重点装饰部位。其形制有四扇、六扇和八扇之分，扇宽 40～60cm。隔扇的格心用木棂条组成正交格网，或者采用菱花纹、灯笼框、冰裂纹及已字纹等形式。部分格心采用双面透雕的技法，在棂格之间嵌入吉祥植物、珍禽瑞兽或神仙人物，题材多样，富有表现力。裙板和夹堂板常用剔地雕或浮雕技法表现精美而丰富的内容，装饰内容有花草、山水、人物场景、动物、诗词等。

江华井头湾"水楼"隔扇

谈文溪"秀楼"隔扇

江华宝镜何家大院隔扇雕花

图5.32　隔扇

2. 窗

窗是古建筑中兼具实用功能和装饰效果的构件，既作通风、采光、观景之用，又能防风挡雨。湘南（永州）古建筑多坐北朝南，采光主要来自偏南方向，尤其是无天井结构的单体式民居，其采光主要来自南向的门和窗，所以湘南地区古建筑的外窗多设置于建筑南向，同时在建筑的正立面给予装饰，使其造型丰富。

湘南（永州）古建筑中的窗可分为槛窗、横风窗（图5.33）、小型牖窗（图5.34）、花窗（图5.35）和方窗。其中横风窗、花窗多见于建筑外立面。

大门的正上方为横风窗，有为堂屋采光、通风

的功能。由于其起到"门脸"的作用，通常格心的图案精美而雅致，一般在棂格组合的基础上加入木雕，其图案多为寓意吉祥的花鸟走兽，装饰效果极佳。大门两侧墙体上的多为花窗、方窗，对称分布，上下各两扇，为木质或砖窗。上层窗户设置在檐口下方，多为小型牖窗和普通的直棂方窗，小型牖窗造型众多，如圆形、梅花形、宝瓶形、宝塔形等；下层窗户一般为雕饰精美的方窗和花窗。其中方窗分为直棂方窗和格心带有装饰的方窗，直棂方窗只由横料和直棂组成，造价低廉，坚固耐用，为贫困人家广泛采用；格心带有装饰的方窗做工精美，格心棂格组合方式众多，部分在棂格之间以双面透雕技法加入装饰纹样（图5.36）。花窗造型别致，常

在外墙青砖砌垒时留出花样窗型，多用于外墙为两层砖砌结构的民居，以圆拱形和宝塔形为主，对称分布，颇见情趣，为建筑外立面增添活泼生动之感。

古建筑背面和两侧外墙上的窗，主要是为了补充少量光线和增强通风换气，故数量较少，形式也比较简单，常用的是普通的方窗和小型牖窗。小型牖窗的位置一般结合封火山墙而设置，并无漏景需要，在满足部分采光、防盗功能的前提下，丰富建筑的立面。

在湘南天井式古民居中，较重视面向天井的四面窗的装饰，多为做工精细的槛窗，位于次间、厢房及过道，而两厢的槛窗是民居内部的重点装饰部位。槛窗由隔扇发展而来，从外形看，槛窗实际上就是隔扇除去绦环板以下的部分，只有上绦环板、格心，部分保留下绦环板。湘南民居槛窗扇宽为40～80cm，两厢的槛窗通常为四扇。格心花式丰富，棂格有方格纹、川字纹、亚字纹、回纹、灯笼框等多重组合图案，同时加上以花草、飞禽等为内容的精巧的镂空花饰木雕；绦环板多用透雕或浮雕技法，多饰以主题性写实图案，如瑞兽、吉祥花鸟、神话人物等。

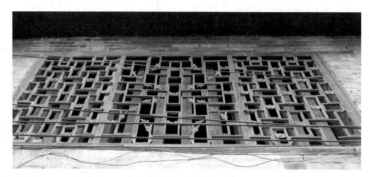

图5.33　横风窗

图5.34 牖窗

图5.35 外墙花窗

图5.36 棂格间双面雕花

三、梁架装饰艺术

湘南（永州）古建筑属砖木结构建筑，梁架结构中的檩、柱、梁、枋、椽及门窗等多为木质，兼具功能性与艺术性。因此，湘南（永州）古建筑中的梁架结构多在肩负主要功能的木构件上进行装饰艺术加工。

湘南（永州）古建筑的木构架装饰主要通过表面涂饰和雕刻装饰纹样来实现。对于普通民居，梁架的装饰重点主要在大门轩廊处、正堂和天井四周

的露明构架上，且雕饰普遍简洁、大方，大多显现出木材的本色与质地，给人以素雅之感。富贵显赫之家的木构架装饰更为繁复、华丽。宗祠、庙宇是行祭拜仪式的场所，通常有高大雄伟的厅堂和较大的进深，梁架用上乘木材制作，覆以精美、细致的木雕和彩绘。其中以骑门梁、月梁、梁枋、雀替和各类檐撑为重点装饰部位。装饰效果上，有的雕梁画栋、富丽堂皇，有的不施粉黛、自成雅趣，丰富多样，构成湘南（永州）古建筑梁架装饰风格。

1. 骑门梁

骑门梁通常位于宗祠、庙宇建筑大门轩廊处或正堂的中央开间处，横跨中央开间的柱子，间距、尺寸较大。骑门梁位于建筑的主要出入口，处于视觉中心，通常覆以精美大气的装饰，是重要的功能、审美构件，如图5.37所示。

2. 月梁

月梁，又称虹梁，是经过艺术加工的梁的一种形式，一般用于平棊之下。其特征是梁的两端向下弯，梁面起弧，梁下起拱，形如月牙，如图5.38所示。

月梁在南方民居中普遍存在，湘南（永州）古建筑中的月梁主要分为两种：一种是梁的两肩不下曲，中央向上突起；另一种是将梁首、梁尾、梁底进行砍削加工之后，仍用分瓣卷杀而成，梁的侧面往往制成琴面并饰以雕刻纹样，外观较为清秀。月梁不但在结构上改善了梁的承重功能，而且在形式上丰富了视觉体验，消除了单调之感。

湘南传统民居中月梁的艺术装饰较为朴素，只饰以彩绘和简单的雕刻，以回形纹、几何纹，寓意吉祥的花草树木、珍禽异兽和生活场景为主，或在丁头栱上部刻出简易的收头花式。

宁远骆家村骆氏宗祠骑门梁

零陵文庙骑门梁

图5.37 骑门梁

双牌坦田古民居月梁

原黄甲岭乡古民居月梁

图5.38 月梁

3. 梁枋

梁枋是传统木结构建筑梁架形式中的一部分，在湘南（永州）宗祠、庙宇等高等级建筑中，额枋和穿插枋为重点装饰部位，木枋内重工雕饰，十分华丽、精细，如图5.39所示。在普通古建筑中，梁枋的装饰通常体现在梁与柱相交的雀替、梁与梁之间的驼墩上，梁身装饰较少。连系檐柱与金柱的穿插枋通常呈两端向下弯曲、中部向上突起的弧形新月式。梁枋的端部常做成桃尖形、卷云形、拳形和菊花头式，或以卷杀将其砍削成和缓的曲线或折线，部分雕刻成龙头、瑞兽和各种植物状。普通民居的梁架一般不饰油漆，显出木材原色。

镂空雕花封檐板（宝镜何家大院宗祠）

撑栱（零陵干岩头古民居）

额枋（宁远骆家村骆氏宗祠）

轩枋及荷包梁（宁远骆家村古民居）

角梁（宁远文庙木雕麒麟）

梁枋端头

图5.39 梁枋

4. 雀替

雀替又称"角替"，位于建筑的梁、枋和柱相交处，从柱内伸出以承托梁枋。雀替的作用是减少梁与柱相接处的向下剪力，防止梁枋与柱之间角度倾斜。雀替是外檐柱和梁枋之间的辅助功能构件，不过其后的发展更偏向于增添传统建筑的艺术美感，装饰作用日趋明显。由于建筑类型的差异，雀替演化出了多种形式，湘南（永州）古建筑中常见的有雀替、小雀替、通雀替和骑马雀替（表5.8）。

雀替造型丰富，通常以浮雕、圆雕、透雕和线刻的技法进行装饰，为提升建筑美感的重要装饰构件。湘南（永州）古建筑中普通民居的雀替比较简洁，以抽象纹样为主，如云纹、回形纹；富裕人家民居的雀替用镂雕、圆雕等复杂的技法，使得雀替更加立体。寺庙和宗祠中的雀替最为精美，纹样丰富，以抽象图案和主题性写实图案为主，常雕刻成卷草、云纹、龙、凤、花鸟、鳌鱼和花篮等内容，并在木雕的基础上运用油饰和彩绘，装饰性极强，如图5.40所示。

表5.8　湘南（永州）古建筑中常见的雀替形式

类型	雀替	小雀替	通雀替	骑马雀替
图样				
特征	为常见类型，总体呈角形，造型多变	相较于雀替，体积较小	分布于柱两端，由一整块木雕饰而成	柱间两雀替相同，装饰功能显著

宁远小桃源古民居雀替

宁远骆家村骆氏宗祠雀替

图5.40　雀替

5.撑栱

在湘南（永州）高等级建筑中，通常以斗栱的形式来支撑挑檐，其造型丰富精美，传力巧妙，但制作工艺繁杂，民间建筑较少采用，因而出现了撑栱（图5.41）。

湘南（永州）民间建筑大部分为砖木结构，而湘南雨水充沛，为了保护墙身，减少其受雨水冲刷的影响，屋檐一般较大。木椽出挑过大将造成建筑屋顶结构的不稳定，需在下方增加挑檐枋以提供支撑。古建筑对挑檐的支撑多采用撑栱形式，撑栱的作用一为承担屋檐的重量，使上端的重力传递至檐柱上，二是衔接支托的屋檐和檐柱，对建筑外观起装饰作用。为了增加其装饰性，将撑栱与柱子之间的空当部分填补上木板，在木板上以浮雕、透雕技法进行装饰，与撑栱上的装饰逐渐贯通，似浑然一体，这种大体呈直角三角形的构件亦称为"牛腿"。

在普通民居中，以板形撑栱数量最多，且最为常见，其由单独的撑木美化成弧形而来，弧形拱线朝外，在结构上更有利于传力。撑栱上的装饰多种多样，较为简易的是将撑木美化成卷云、卷草、兽头等轮廓形状，表面以素面或线刻简单处理；复杂的是把撑栱雕刻成一组整体装饰，以植物、瑞兽、神话人物为主。在宗祠、庙宇等公共建筑内，撑栱往往更为华丽，呈角式，两层撑栱逐级向上承托挑檐枋，撑栱端为桃尖形、云形或拳形，内装饰精美浮雕，中间连接处为栱心。随着建筑木结构基础、制造工艺的改进，部分民居的挑檐枋直接由延伸出柱身的梁枋端头支托，撑栱支撑的作用逐渐削弱，中部栱心表面装饰由线雕、浅浮雕技法，逐渐演化为高浮雕技法，增加其装饰性。

祁阳元家庙古民居撑栱

双牌坦田古民居撑栱

图5.41　撑栱

四、封火山墙及其他墙体装饰艺术

1.封火山墙装饰艺术

封火山墙多出现在传统村落中，如图5.42所示。湘南地区普遍为聚族而居的村落，民居建筑建造得较为紧密，为防止发生火灾后火势蔓延，通常将房屋两侧山墙加高超过屋檐，一般为人字形封火山墙和马头墙形式。

人字形封火山墙通常翼角起翘，部分施以灰塑圆雕技法，形成坐吻兽吉祥装饰；在人字形封火山墙的山尖部位饰以彩画或灰塑，多为吉祥纹饰，与整体青灰色调形成对比，更显明朗素雅。

马头墙墙体由青砖砌成，墙顶高于屋面，沿屋顶斜坡砌成山花形迭落，以平行阶梯形为主。马头墙错落有致，湘南民居中通常为一叠到五叠。其墙脊有较明显的地方特色，多弯曲向上高高翘起，加之上挑的端头，形成轻盈、动感的朝笏式马头墙。湘南地区山墙的脊角多为鹊尾式和坐吻式，鹊尾式座头作卷草状向上翘起，轻巧别致；坐吻式则将灰塑"吻兽"构件安在山墙端头处，常见的有鸱吻、麒麟等瑞兽，或由太阳形象演变而来的风火轮等具有寓意的图案，再加以灰塑、雕刻、彩绘装饰，使封火山墙的造型丰富多彩。在山墙的上部，墀头由叠涩出挑后，再加以石灰涂抹装饰而成。马头墙的墀头多以彩绘和灰塑进行装饰，装饰内容丰富，题材广泛。

湘南民居的山墙因装饰形式多样、建筑规模不同而层次分明、高低错落，使静止、呆板的墙体呈现出一种动态的美感。从远处看，鳞次栉比的聚族村落，山墙造型和谐又错落有致，犹如万马奔腾，气势磅礴。

2. 其他墙体装饰艺术

通常情况下，院墙装饰极少，装饰较多的院墙多出现在具有天井的传统民居内，目的是增强天井空间的视觉体验、趣味性，寄托先民对美好生活的期望，部分也有辟邪镇凶的意味，如图5.43所示。部分具有较大院落的古民居，其正对大门的房间顶部会做装饰。

山花装饰（宁远文庙彩塑）

马头墙墀头（蓝山虎溪古民居灰塑）

脊角装饰（双牌坦田古民居彩绘）

三级马头墙（祁阳龙溪村古民居）

图5.42　封火山墙

院墙内侧灰塑（道县楼田村古民居）

院墙外侧灰塑（江华宝镜古民居）

院墙外侧彩绘（宁远骆家村古民居）

墙体灰塑（蓝山虎溪古民居）

图5.43　院墙

五、柱与柱础装饰艺术

在湘南（永州）古建筑中，柱身装饰在古民居等低等级古建筑中较少出现，在寺庙等高等级建筑中出现较多。例如，零陵文庙大成殿前的两根汉白玉石柱，雕刻着蟠龙，龙身矫健，回舞盘旋，属国内罕见，如图5.44所示；两根青石柱雕刻飞凤；两根木柱堆塑蟠龙，施以绿、白、红三色彩绘。额枋上应用浮雕技法刻11条游龙，精工细琢。

柱础为木柱或石柱下方垫的石墩，可传递和承载上方的重量，木柱柱础还有防止地面湿气侵蚀木柱的功能。湘南（永州）古建筑柱础主要有鼓蹬式、覆盆式、多面形柱式、圆柱式及方柱式，且以鼓蹬式和覆盆式为主，也有多种基本式样组合而成的柱础。柱础由上方多种造型的部分与下方的基座组成，基座高5～10cm，通常为正四边形，因其起到承重的作用，下方基座部分会陷入地下，所以大多不做任何装饰。对于其上露明部分，往往加以雕饰，一般为动物纹、莲花纹、水纹、几何纹、各类花草纹等，如图5.45所示。除此之外，还有一部分不做任何装饰的素面柱础。湘南（永州）传统民居中柱础样式丰富，在同一座民居中可见不同样式的柱础。

图5.44　零陵文庙大成殿柱身

图5.45　柱础

六、天花、藻井装饰艺术

在湘南（永州）古建筑中，一部分采用彻上露明造，以充分展示木梁架的结构美和木构件的艺术效果；另一部分采用天花吊顶形式，在梁枋上端安装木檩条，条上方盖木板，承托天花板，起到保暖、隔热的作用。个别富贵人家会对天花素木板和檩条进行彩绘或用木雕加以修饰。

藻井最初是以其象征意义演化而来的，先人作此向上凹进的形制以祈愿压制伏火魔，后随着经济的发展和人们精神追求的提升，开始为藻井赋予各种构件和装饰纹样。湘南（永州）古建筑中的藻井一般置于宗祠、庙宇等公共建筑室内中心位置的上方，部分民居正堂上方也有藻井，主要形制有圆形、八角形和方形，具有中圆四方的特点。穹隆顶内及四周布以纹饰。宫殿、庙宇等大型建筑，在穹隆顶内雕饰蟠龙，贴饰混金等，而湘南民居内的藻井较为纯朴素雅，多饰以荷、莲等藻类水生植物和寓意吉祥的简单纹路。

零陵文庙大成殿内彩绘藻井，以108幅彩画形象、生动地再现了古代湘南的风土人情。天花、藻井装饰案例如图5.46所示。

七、屋脊装饰艺术

湘南（永州）古建筑的屋顶多为硬山顶或悬山顶，少数高等级建筑（如宗祠、庙宇）为歇山顶或庑殿。屋顶由檩架形成双坡或四坡的斜面，在上排列椽，形成屋顶的骨架，在骨架上加置望板，覆以小青瓦。最顶部的屋脊为正脊，由脊身、中脊花和两端脊头组成。湘南（永州）古建筑中脊身通常由板瓦依次排列而成，其作用为压实；中脊花用瓦或灰塑技法装饰出简易的花卉、瑞兽、宝塔、葫芦或带有宗教寓意的民间消灾避邪图案，是屋顶立面一个重要的装饰部件；由于普通民居多为硬山式屋顶，两侧山墙从上至下把檩头全部封住，屋顶左右屋檐不出山墙，通常两端脊头没有装饰。在部分宗祠、庙宇建筑中，正脊或垂脊的脊头变化多样，有带有饰以简单图案的灰塑的上翘脊头，也有坐吻式脊头，常见形式有鸱吻脊、凤头脊、雉毛脊等，如图5.47所示。

零陵文庙大成殿内天花

零陵干岩头周家大院古民居藻井

图5.46　天花、藻井

脊花（道县楼田古民居）

脊花（蓝山谈文溪古民居）

飞檐翘角凤头脊（蓝山虎溪宗祠）

脊花（宁远大阳洞新书房）

图5.47　屋脊

八、台基、踏跺、栏杆装饰艺术

台基和踏跺基本上只出现在高等级建筑中，且主要材质为石材，施以石刻工艺。栏杆在台基上的基本材质为石材；建筑二层以上的基本材质为木材，其装饰艺术较为简单。

湘南（永州）古建筑中，须弥座式台基等级较高、规格极为严谨。须弥座，即以须弥山（喜马拉雅山）作佛座，以显示佛的崇高伟大。须弥座式台基有许多线脚，大致可分为六部分——上枋、上枭、束腰、下枭、下枋、圭角，上枋、下枋和束腰部分的卷草纹为浅刻，上枭和下枭则雕刻莲瓣图案。在永州境内的零陵文庙、宁远文庙等都有典型的须弥座式台基，如图5.48所示。

图5.48　台基、踏跺、栏杆（宁远文庙须弥座）

第六章

湘南（永州）古建筑
等级制度与年代鉴定

第一节　湘南（永州）古建筑等级制度

中国古代社会，统治者为了保证理想的社会道德秩序，制定出一套典章制度或法律条款，完善建筑体系，要求人们按照在社会政治生活中的地位差别，来确定其可以使用的建筑形式和规模，这就是所谓的中国古代建筑等级制度。湘南（永州）古建筑的等级制是全国古建筑等级制的一个缩影，尤其是明、清时期。

中国古建筑等级制已延续了2500余年，唐代《唐元典》《营缮令》，宋代李诫《营造法式》，明代《园冶》，清代清工部《工程做法则例》、《大清会典事例》等著作均对古建筑有关等级做了说明，但不能总括中国古建筑等级观念的全部。不同地域的建筑布局、格局、形制、风格等不同，所体现的建筑等级观念也不同。根据中国古建筑等级理论，最高建筑形式是庑殿，其次为重檐歇山，再次为悬山、硬山。现结合湘南（永州）古建筑实际，加以综述。

门楼是古代建筑中极为重要的组成部分，阙门是中原地区及皇都等级身份的象征，而湘南仅文庙中的棂星门、舜帝庙中的午门与阙门的等级相似。古建筑门楼如图6.1、图6.2所示。

湘南院落门楼建制在古代受到严格限制，建筑的高度与宽度是家族地位的重要象征。而在明代，不管家族地位多高，有多富有，门楼绝对不能超高。

门楼的门槛高低是区分等级的标志，湘南百姓中流传一句俗语"你家门槛高，我进不了"。门槛上的大门更是等级的重要标志，一般设一扇门，但二品以上的官员设三开门，中间为正门，正门两侧为侧门，一般正门不开，如果来客官级高于或平于院内主人，主人则亲自开正门迎接。许家桥明代将军府三进门如图6.3所示。

图6.1　宁远文庙棂星门

图6.2　道县寇公楼

图6.3　许家桥明代将军府三进门

门额上门簪的数量为两颗或四颗，其多寡体现
等级的高低。等级较高的人家中，其门额上均有四
颗门簪，而等级较低的人家中，其门额上只有两颗
门簪，"门当户对"便源于此。许家桥明代将军府

门簪如图 6.4 所示。

门楼前抱鼓石、门墩、拴马桩等均是等级的象
征。图 6.5 为进士楼抱鼓石。

图6.4　许家桥明代将军府门簪

图6.5　进士楼抱鼓石

一个古院落，无论其规模大小，几乎都遵循等级观念。古院落在布局上以北为上、以东为上、以中为上，所以宅院的居住者也是遵循身份地位择向而居，各安其位、各守本分，构成一个等级分明，贵、贱、上、下、尊、卑有序而又和谐的社会。古院落中最为尊贵的单元往往属于院落的纵中轴线中部，其次较为重要的往往位于东部或北部，大多为主人所居，以主为尊，而长者或者身份地位高的人一般都住在北屋或东屋（以院落坐向而定）。客房则常常设于院落西部或南部。这种观念一直延续至今。

湘南古代建筑的设置上，主要厅堂或殿堂的尺寸和开间与附属建筑或厢房是有所不同的，其高度、面阔、进深、坐高等都有一定尺度限制，使人感受到尊贵和重要。湘南（永州）古建筑本身，从里到外、从基座到顶、从用材到色彩无不充斥着等级制度的烙印。

首先，从单体建筑的基座说起，湘南（永州）古建筑设计者出于干燥、防潮、防洪水的考虑，单体建筑往往砌上高高的基座，早期为夯土或砌砖，宋以后一般以石砌为主。但无论做何种基材，其高低、大小和形状都受到限制，一般情况是地位越高、越重要的建筑，其基座越高，附属建筑和厢房的基座相对较低。基座一般为长方形（官史为主）、正方形（重要庙宇），另外还有须弥座的形式。须弥座在湘南为最高等级的基座形式，只有舜帝庙、文庙才能设置。

其次，湘南古建筑的踏步，也就是俗称的台阶，是随着基座的高低而变化的，基座越高，台阶越多，建筑的主人地位也越高。在古代，每层台阶的高度和宽度都是有限制的，基座的高低自然关联台阶的级数，即"阶级"的多少。"阶级"一词后来衍生为表明人们身份的专用名词，由此可见台阶的等级标志作用。台阶（在古代建筑学中叫踏跺）可分为如意台阶（踏跺）、垂带台阶（踏跺）、御路台阶（踏跺）。从下到上，阶石逐级减短，叫作如意踏跺，这是一种最为随意的踏跺形式；而在如意踏跺两旁依斜度各安一条垂带石，则叫垂带踏跺，垂带踏跺的等级一般高于如意踏跺；御路台阶（踏跺）是皇室正殿所特有的。丹墀常用在宫殿或庙宇的正殿等具仪典性的建筑物前。零陵文武二庙五龙丹墀如图6.6所示。

图6.6　零陵文武二庙五龙丹墀

古建筑的砖料、墙体垒砌的方式也是等级的一种反映，自明、清以后，砖被大量运用于砌筑墙体，砌砖的方式分为糙砌、淌白或丝缝、干摆三类，一般居民规制卑下的宅屋，多用糙砌。糙砌所用砖料只求完整，不必加工。垒砌时做到横平竖直即可，不考虑灰缝的宽窄。对于官僚、富有人家等比较讲究的宅院，其砖墙则要求用淌白或丝缝的做法以求美观。丝缝，顾名思义指垒砌的墙体砖缝很细，就像丝一样。所用砖料除了要求质地致密，轮廓整齐外，还需要进行适当的加工，使砖的轮廓相对平整，尤其是露明砖的表面都要依次用砂石及细砖打磨光

平，并用竹板抿灰缝。这种墙面灰缝的平齐程度要求比较严格，灰缝不可过宽，一般不大于 3mm。而干摆主要用于宫殿、庙宇及高等级的建筑上，所用砖料需要精细加工，砖料质地的要求比淌白、丝缝又高一等。垒砌时需要特别注意平直程度，棱角有不合缝的，需要随时打磨整齐，然后才铺灰坐实。这样垒砌出来的墙，从外表看，砖块之间不留灰缝。这种垒砌方式费工费时，只有高规格的建筑才会使用。柏家大院墙面（清中期）如图 6.7 所示，柏家大院墙面（清晚期）如图 6.8 所示。

图6.7 柏家大院墙面（清中期）

图6.8 柏家大院墙面（清晚期）

室内地面的铺砖也是有一定讲究的，一般常见到长方形的砖，铺成人字形或席纹形，建筑等级再高一点的建筑铺方形砖。地砖常为烧制青砖或由优质青石打磨而成。而等级再高一点的是更大的方形砖，甚至是经过桐油浸泡，表面烫蜡见光的所谓"金砖"，金砖质地细腻，棱角方正。在湘南只有等级高的庙宇或府衙才铺金砖。蒋家大院地砖（明代）如图 6.9 所示。

图6.9 蒋家大院地砖（明代）

再说古建筑的间架，也就是建筑的开间和进深。间是古建筑平面上的衡量单位，古建筑无论大小，都以间为单位。架是建筑断面上的衡量单位，建筑的进深，也就是建筑梁架的多少。架的多少制约着建筑的进深，也决定着房屋空间的大小。简单的单体建筑上屋顶内部用几条檩就叫作几架，如五条檩就是五架，九条檩就是九架等，如图6.10所示。在古建筑中开间与进深需遵循严格的等级制度。建筑的开间在汉代以前有奇数也有偶数，汉代以后多用十一以下的奇数，随着等级的高低而有所区别，民间建筑常用三间、五间。《礼记》载"天子之堂九尺，诸侯七尺，大夫五尺，士三尺"，《唐元典》卷二十三有"凡宫室之制，自天子至于士庶，各有等差。天子之宫殿皆施重栱藻井。王公、诸臣三品以上九架，五品以上七架，并厅厦两头，……六品以下及庶人一间两厦。五品以上得制鸡头门"。这说明了社会上不同的阶层所建的房屋的定制。建筑等级制逐渐发展形成了律例，纳入了国家法典，用法律手段强制实施。值得一提的是，在湘南（永州）古建筑中重栱极少见，自明以后，牌坊设置比较典型的有新田县锦衣总宪牌楼、宁远东安头翰林祠门牌楼。藻井多见于重要庙宇，如零陵文庙、武庙、法华寺等。到了北宋，颁行《营造法式》，严格落

实建筑的尺寸和规模。到了明朝，建筑固定为27种具体的房屋，每一种房屋的大小、尺寸、比例都是绝对的。中国建筑等级制度达到了非常完备的程度。中国湘南建筑除山区边沿少数民族建筑外，与全国接轨。九间殿堂为帝王专有，公侯厅堂只能用七间，一、二品官员不能超过五间，六品以下只能用三间，道教观和佛教寺院虽然是特殊的建筑类型，也同样需要遵照执行。零陵节孝亭梁架如图6.11所示。

单体建筑的屋顶结构是中国木结构建筑的特色，大屋顶的种类自汉代起基本齐全。在屋顶的形态、类型、形制等具有更加严密的等级制度。其中，最重要的七种屋顶形制按照等级排列，由高到低依次为重檐庑殿、重檐歇山顶、单檐卷棚式歇山顶、夹山式悬山顶、卷棚式悬山顶、尖山式硬山顶、卷棚式硬山顶。屋顶制度等级森严，使用者不敢越雷池半步，庑殿是古代建筑中最高等级的屋顶样式，是出现最早、使用广泛的四面坡顶，所以也称"四阿顶"，一般用于皇宫、庙宇中最主要的大殿，可用单檐，特别隆重的用重檐。歇山顶俗称"九脊顶"，一般用于官署、寺庙里的重要建筑上。老百姓只能用悬山顶或硬山顶。

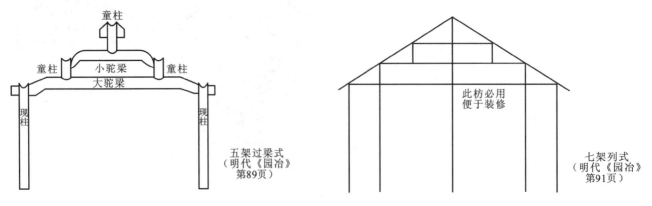

图6.10　古建筑中的架

图6.11　零陵节孝亭（御赐）梁架九架

屋顶瓦件颜色的使用登记、色彩的限制早已有之。明代规定，庶民所居房屋不许用斗栱及彩色装饰。这点在琉璃瓦色彩的使用限制上体现得淋漓尽致。按照五行配五色之说，黄色对应的是"土"，属"中央"之位，等级最为尊贵。因此只有皇宫和少数高等级（与帝王相关）的宗教建筑可以使用黄琉璃瓦。王府等级的只能用绿琉璃瓦，一、二品大臣可用灰琉璃瓦，一般民居只能用青瓦或灰瓦，不能使用彩色装饰屋面。大清律例中也有"庶民房舍不得用斗栱彩色装饰"的规定，所以零陵文庙（孔庙）红墙、黄色琉璃瓦、汉白玉龙柱、彩绘，金碧辉煌，与西侧乡贤祠、东侧娘娘庙的小青瓦形成鲜明对比，更加烘托出孔庙（圣人庙）皇宫式的威严和神圣。

屋顶坡面的交合处即屋脊两头塑有鸱吻回首衔着屋脊。鸱吻的高低反映了建筑等级的高低。

屋脊四角脊兽的品种与数量也与建筑本体的等级紧密相连。吻兽除了具备实用价值外，又与造型艺术结合起来，起到装饰的作用，后来逐渐成为建筑等级制度的象征。在湘南古建筑中，脊兽只能安置在庙宇、宗族戏台、牌坊，民间建筑是不允许使用的。所以，普通百姓的房屋均不见脊兽装饰。

承托古代建筑大屋顶的重要木构件是梁柱。我国古代建筑是框架式结构，墙体在早期由土坯或夯土砌筑，承重能力有限，只起隔断、防风、组合空间的作用，且经受不住雨水的淋刷，所以要将屋檐外伸，以阻挡雨水。由此需要在柱头上施以能够承托其外伸结构的较大的斗栱。

最初斗栱主要作为建筑中的结构。发展到明、清时期，斗栱被赋予了更多的等级色彩，如斗栱的出翘程度或踩数的高低均反映了建筑等级的高低。最高等级的建筑斗栱是九踩，为皇帝宫殿专用，随着等级的降低依次是七踩、五踩、三踩，而一般的民居是不允许使用斗栱的。

作为建筑本身装饰内容之一的彩画，也反映了等级制度。彩画有五彩遍装、青绿彩画和土朱刷饰三类。五彩遍装为皇宫专用，青绿彩画在一般宫殿中的宗祠、戏台、宅院中常见，而土朱刷饰是更低一级的建筑使用的。

房屋瓦下的藻井、卷棚、燕子板也是建筑等级的象征，藻井为最高等级，其次为卷棚、燕子板，在湘南一般只有寺庙才置藻井。

湘南（永州）古建筑纹饰，在古代有严格限制，尤其是龙纹，象征皇帝的权威，至高无上，只能在高等级的庙宇中使用。明、清以后，民宅只能雕、画简易龙头，即民间流传的"草龙"。

第二节　湘南（永州）古建筑年代鉴定

湘南古建筑年代鉴定理论，是湘南古建筑理论的重要组成部分，对湘南传统建筑的文化传承与保护具有指导意义。近年来，湘南一部分文物保护单位及传统村落建筑都得到一定程度的修缮，但由于修建者不懂建筑年代特色，往往将明代建筑修补成清代风格，将清早中期建筑修补成清晚期风格，造成有三五百年历史的建筑变成一二百年历史的建筑，传承一错再错，以致概念模糊，这实质上也属于建设性破坏。本文结合考古鉴定知识，在对湘南（永州）古建筑年代进行了系列实践分析的基础上，归纳形成湘南（永州）古建筑年代鉴定基础理论。

一、考古发掘鉴定

湘南宋代以前的古建筑基本无存，要想了解湘南（永州）古建筑遗址的建筑年代，必须对遗址进行考古发掘，通过鉴定文化层内的包含物判断其年代。如对零陵古城门遗址、零陵望子岗遗址、宁远舜帝庙遗址、零陵武庙等明代以前建筑均是利用考古发掘判断其建筑年代、布局。

二、制作工艺年代鉴定

1. 青石料制作工艺

首先，青石料的制作具有鲜明的年代特色，明代之前的青石料（方石或条石）基本保持原始形状，料面为块状。明代之后，在青石料料面上打凿出不规则线条，线条之间保持一定距离，年代越早，线条越粗糙，此风格延至清代早期。清代中、晚期，打凿规则线条，点、线、面三维打凿清晰，工艺精细，线条均匀且较密。各时期的青石料制作工艺如图6.12所示。

2. 砖砌工艺

宋代以前，砌墙只用黄泥；明代以后，砌砖灰浆开始掺用石灰，但以黄泥为主，叫白灰黄泥浆。到清中、晚期，基本上用白灰浆掺泥沙。此外，雕刻工艺也凸显年代特色。明代中期雕刻图案较密；到明代晚期，雕刻图案疏简。尤其是清乾隆时期，雕刻工艺精致、生动，世称"乾隆雕"；到清晚期，雕刻图案重新兴起，但雕刻工艺较为粗糙，主要是民间雕刻。各时期的砖砌工艺如图6.13所示。

零陵古城门条石基础（宋代）

宁远小桃源古民居条石基础

宁远下灌村仙人桥（明代）

明代打凿工艺（许家桥明代将军府）

清道光年间打凿工艺

永州大西门城墙（宋代）

图6.12　青石料制作工艺

永州东城门（宋代）

永州零陵古民居遗存（宋代）

蓝山虎溪古民居（清光绪年间）

新田河山岩古民居（清道光年间）

图6.13　砖砌工艺

三、建造风格年代鉴定

明代初期的建筑风格与宋代、元代相近，古朴雄浑，明代中期的建筑风格严谨，而明代晚期至清代早期风格趋向烦琐。首先表现在木架结构上，明代早期整体木架粗简，明代中期整体木架逐步出现多种梁架，而且梁架之上均雕饰纹饰，清代中期以后，整体木架出现各种烦琐的装饰梁架及梁上隔板。其次，表现为墙面开窗，明代早期建筑外墙很少开窗，明代晚期开小窗，清代中期开大窗，一般为方形，到清末民初，受西方建筑影响，打破传统墙面封闭的习惯，在外墙开多窗，而且均为券式，窗外设券形雨檐（窗罩）。最后，表现在瓦头设置上，明代所有建筑一般不在墙头、瓦檐做石灰瓦头，庙宇、官衙做特质滴水、瓦当。到清代，所有建筑均在墙头、瓦檐做石灰瓦头。有宋代遗风的许家桥明代将军府宗祠梁架结构如图6.14所示。

图6.14　许家桥明代将军府宗祠梁架结构（宋代遗风）

四、建筑构件及纹饰年代鉴定

1. 建筑构件

（1）明代门楼及门后建筑受律法的限制，一般比清代门楼要矮或小。到清代中晚期，戏台普遍出现，改变了整个建筑的布局。明代门楼如图6.15所示。

（2）梁架莲花垛子、莲花坐斗、简易斗栱雀替均为有明代典型特色的建筑构件，如图6.16所示。

（3）元末明初柱础为原始方石，而且不规则，更无打凿工艺；明代中晚期，柱础为素面圆锥形；清代柱础多为圆鼓形。各时期的柱础如图6.17所

示。明代马头墙，马头微翘；清代中期，马头墙高翘；清末民初，马头墙又回到微翘。

2. 建筑构件（一般为现存明、清古建筑）的装饰纹饰

湘南（永州）古建筑中的纹饰为湘南古建筑主要装饰内容，主要体现在木雕、石雕、堆塑等工艺上，具有鲜明的时代特点。在构图上，明代一般以疏简古朴为主流；在明嘉靖年间，呈现烦琐、杂乱的特征；明天启年间到清代初期，为简笔写意；清乾隆时期以后，以繁密为主流。建筑构件的装饰纹饰如图6.18所示。

许家桥明代将军府门楼

蒋家大院门楼

图6.15　明代门楼

许家桥明代将军府梁架莲花垛子

蒋家大院斗栱雀替

图6.16　有明代典型特色的建筑构件

元末明初柱础

明代早期柱础

明代晚期柱础

蒋家大院柱础（明天启年间）

图6.17　柱础

石雕上有铭文［明嘉靖九年（1530年）］

石雕上刻道光通宝（清道光年间）

明代晚期石雕

暗八仙石雕（清道光年间）

图6.18　建筑构件的装饰纹饰

（1）纹饰题材。

明初纹饰多为自然景物（如兰花、草、菊花、莲花），出现缠枝花卉（如缠枝牡丹）。常见的有太极图、八卦图、莲托八宝、云中飞鹤、龙、凤（开始出现龙凤呈祥图案）、卷云纹、连回纹，福、寿字体由草书向隶书发展。明代中期，纹饰题材以人物故事居多，常见高士图、狮子、绣球、蝴蝶、松、竹、梅、缠枝纹、鸳鸯图、鱼藻变体莲瓣等。到明嘉靖年间，以道教纹饰居多，八仙图增多，出现八卦、八宝、灵芝等吉祥纹饰。明万历年间，题材多为云龙、寿山、福海、云鹤、天马、八仙庆寿、老子、士大夫、婴戏图等。明天启年间，题材大部分来自生活，多为荷花、鸳鸯、婴戏、天鹤赐禄、喜上眉梢、三枝莲花、水族动物（鱼、龟、海螺等）、托塔罗汉图、状元及第、金榜题名。清代早期，纹饰题材多为山水、花鸟、仕女图、牡丹、团花（团葡、团蝶等）、百子图、五蝠捧寿、五子登科、缠枝花卉。清代中期，纹饰题材多为龙凤、鸳鸯、黄鹂等，君臣、父子、夫妇等封建伦理图案，缠枝花卉等。清代晚期，大量吉祥题材的纹饰出现，如牡丹、石榴、桃子、松雀、鹌鹑、喜鹊、菊花、蝙蝠等。

（2）纹饰表现的时代特征。

同一题材的纹饰，在不同的时代有不同的表现形式，甚至表达不同的内容。比如：莲花最早出现于东汉，与佛教有关，莲花在佛教中是一种圣洁物，表示圣洁，自宋代周敦颐《爱莲说》后，莲花象征廉洁。明、清时期，莲花被广泛使用，象征着"五福"，尤其是明代，将莲花作为主题纹饰十分常见。岁寒三友——松、竹、梅，古时用来表达士大夫（知识分子）的气节、风骨。

纹饰具体的表现形式更能体现时代特征。

莲花：元代莲瓣肥大，莲瓣与莲瓣间有空隙，尤其是变体莲瓣。明代莲瓣排列渐紧、空隙渐小，出现莲花与八宝、鹭鸶组合在一起的图案，如莲托八宝、莲花与鹭鸶——一路连科。明代莲瓣柱础如图6.19所示。清代莲瓣排列紧密、无空隙，逐步变形、异化、图案化，似莲非莲，已不再具有严格的宗教神圣意义。

图6.19　明代莲瓣柱础

牡丹：古建筑装饰中牡丹纹饰的使用始于唐代，这与唐代人（或说武则天）偏爱牡丹有关，牡丹象征富贵荣华。宋代，花形较写实，花朵硕大。元代，牡丹往往雕成缠枝花，花瓣留白边，叶多为葫芦形。明代，变化多而迅速，较为显著的特征是多与凤组合成凤穿花，具有富贵无边的吉祥寓意。清代，也有牡丹与凤同刻的，清代中晚期往往把牡丹插在花瓶里，寓意为一品（瓶）富贵。

缠枝纹于明永乐年间出现，到明弘治、嘉靖时期已成为石刻，只作地纹装饰。缠枝花卉纹饰，叶密而小。

菊花：象征长寿，又因菊花有耐霜雪的特征隐喻人不屈不挠的气节。宋代，菊花比较写实。元代，花瓣多不填满色，留白边，花蕊多，或刻成网格状的葵花形，或呈由里向外的螺旋纹。明代，花瓣变得比较小，花蕊变大呈旋涡状。明代初期菊花用得多，一般单独用；明代后期多同有关人物刻在一起，如陶渊明爱菊图之类。清代，菊花瓣不留白边，刻细线纹，越到清晚期细线纹越密。各时期菊花纹饰如图 6.20 所示。

百菊寿字纹木雕（元代）

菊花木雕格窗（明代初期）

菊花雕刻（明代中期）

木雕菊花（清代）

图6.20 各时期菊花纹饰

梅花：梅花多与人物刻在一起，人物往往为宋代的"和靖先生"，即林逋（967—1028 年），他中年隐居西湖孤山，调鹤种梅，不应招做官，亦不经商求富，热爱大自然，寄情于山水之间，淡泊无为、品质高洁，宋仁宗赐谥号"和靖先生"。宋代以折枝梅花居多。元代花瓣留白边，始于松、竹、梅"岁寒三友图"。又见月影梅（梅花和弯月组合的画面），寓清白高洁。明代前期多见月影梅、松竹梅，梅花刻成圈状，明代晚期至清代多见喜鹊闹梅，清代中晚期多见"喜在眉头"等吉祥梅花纹。

龙：元代龙头小，身细长，有背鳍（脊），爪子分三爪、四爪、五爪，其中以三爪为多，鹿角，方格鳞，龙身矫健灵活，充满生机。有云龙、赶珠龙、龙凤等内容纹饰。明代龙身粗壮，呈猪嘴上翘（下颚比上颚长），发往后飘（早期）、上冲（中期）、前冲（晚期），龙须上卷，鱼鳞，五爪居多，爪呈风车状。明代初期承袭元代风格，明宣德年间龙身开始变粗，此时出现飞翼龙，这种形式的龙，此后明代各时期到清代早期都有出现。明弘治年间，龙的两眼平视，多为五爪。明嘉靖年间，龙的形体多样，一是常见的行龙，穿云破雾；二是正面龙，龙体不作横三曲状，而作竖立状，龙头在上，尾在下，四足左右分布，头向止对观赏者；三是螭虎儿，形状极其简单，状似壁虎，有行走状、团状。正面龙、螭虎龙皆为前所未有者。清代的龙尾部装饰比明代的宽大，有秋叶形鼻子，左右各一根龙须，嘴微张，

露出两排牙齿，出现舌头。身体亦较粗，下颚较短，形象比较和善。清乾隆年间，多见龙凤合刻，意为龙凤呈祥，二龙戏珠纹饰也较多，说明龙纹饰的寓意已世俗化。清嘉庆以后的龙纹，有划龙舟、婴戏舞龙、龙穿花等，大大削弱了龙神圣威严、至尊至上的权威形象。尤其在民间，门、窗上的草龙纹饰普遍存在。明代龙头木雕如图 6.21 所示。

图6.21　明代龙头木雕

狮：明代，不含珠，无舌头，底座打凿粗线条。清代中、晚期狮嘴张开，有舌，含珠，底部打凿细线条。明代狮子石雕如图 6.22 所示。

图6.22 明代狮子石雕

鹤：寓意长寿。明宣德年间，有"西王母骑鹤图"等。明嘉靖年间，鹤立，腿长。明万历年间，云鹤居多。清代常见松鹤图，寓意"松鹤遐龄"，也有云鹤图，寓意"云和仙境"，均带有浓厚的道家文化色彩。明嘉靖年间的仙鹤石雕如图6.23所示。

图6.23 明嘉靖年间仙鹤石雕

八仙或暗八仙：八仙图在明嘉靖年间出现得多，暗八仙在清代中、晚期出现得多。

五、混搭结构年代鉴定

混搭结构指古建筑中有不同时代的材料或工艺。

（1）要确定主体建筑为何时代，维修为何时代。比如：零陵许家大院门楼，整个门楼的主体风格、形制和工艺均为明代，由于年久失修，木柱底部损毁，个别柱础为清代中期柱础，只能鉴定其建于明代，清代中期曾进行维修，而绝不能仅凭清代柱础就鉴定整个建筑为清代建造。

（2）不能凭建筑材料确定建筑年代，要以建筑工艺或建筑中混掺最晚建筑材料来确定。比如：某民宅墙体中绝大部分为宋代青砖，混掺明、清青砖，这就不能仅凭大部分是宋砖便确定其为宋代建筑，关键要看整体建筑风格，尤其是砌墙工艺。如果砌墙工艺为清代，风格也为清代，可鉴定整个建筑为清代所建，原墙体宋代青砖只能证明此地原有宋代建筑，但已损毁，后朝在宋代材料的基础上进行建筑而已。

（3）混搭建筑形式多样，只能用科学考古的方法，实事求是地加以鉴定。

第七章

湘南（永州）古代园林
探讨

园林自唐、宋以来出现在贵族、官僚、富裕人家营造的别墅式居所中，寺观中也建园地，江南地区造山、造石之风盛行。明、清时期，江南成为私家园林发展得最发达的地区，出现了园林艺术理论著作《园冶》。

零陵出土的模型（图7.1）证明古代湘南地区山清水秀、岩石怪异、美不胜收。自汉以来，"小桥、流水、人家"式的自然园林景观已经存在。尤其在湘南永州地区，自唐以来自然山水园林为历代文人所赞美。唐广德元年（763年）九月，大文学家、诗人、道州刺史元结，经浯溪，见浯溪优美独特的山水佳境，于是决定在此地安家。因见溪水清澈、石俊美，撰《浯溪铭》，浯溪由此得名，后又将"浯溪东北二十余丈"的"怪石"命名为"峿台"，撰《峿台铭》。再后，元结在溪口"高六十余尺"的"异石"上构筑一亭，命名为"吾亭"，撰《吾亭铭》。从此，自然人文园林形成，历史文人皆追崇游览。

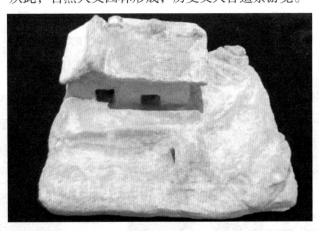

图7.1　零陵出土模型（东汉）

唐永泰元年（765年），元结乘舟顺潇水而下，途经朝阳岩，喜其山水佳胜，情不自禁系舟岩下，上岸游览，见岩洞朝阳，故取名"朝阳岩"（图7.2）。明万历年间，永州知府丁懋儒将岩顶之山命名为"零

虚山"，山麓建"澄虚亭"，流香洞前构"听泉亭""芳泉亭"，峻壁如门处筑"青莲亭"，这就是湘南园林的雏形。

图7.2　朝阳岩

湘南（永州）以山地、丘陵地貌为主，水系发达，大多古建筑群靠山临河而建，依仗山水形成天然的防御体系，具备防火、安全、取水便捷等优势。其属于亚热带季风气候区，春季温和湿润，夏季高温湿热，秋季干旱少雨，冬季低温潮湿。独特的人文地理条件和自然环境决定了湘南（永州）古建筑样式以干栏式和合院式为主，天井式院落最为典型。因此，湘南园林以回归自然为最高意境，且以建筑外环境的园林活动为主，庭院（天井）内园林活动较为简洁。

其一，受限于密集式建筑组合方式与天井式院落布局，湘南（永州）古院落仅在院内建花园，放置景观小品，至今少见造山、造石等繁复的园林活动。在宗祠、庙宇等高等级建筑院落中，园林活动也仅限于规则式道路、简单绿化以及少量景观小品（图7.3）。

荷花缸（宁远骆家村古民居）

鱼池（宁远大阳洞古民居）

龟鳖化石（新田谈文溪古村落）

图7.3　庭院园林元素

其二，建筑外环境的园林活动以自然山水为依托，但园林风景的布局并非杂乱无章，而是在人们游览过程中"动"和"静"相结合的客观要求下进行设计的。例如：对于厅堂、亭、榭、桥头、山巅、道路转折等停留时间较长的观赏点，往往根据对比与衬托的原则，构成各种美观的对景，并采用"借景而造"的布局。还善于利用地形，采用借景和屏障等方法，互相因借抑扬，使游人从任何一个角度都能欣赏到不同的景色，景深的变幻，具有含蓄不尽之意。建筑外环境园林元素如图7.4所示。

景观水池（勾蓝瑶寨古村落）

风水塘（祁阳元家庙古村落）

月陂亭（江永上甘棠古村落）

泉井（江华井头湾古村落）

泉石（勾蓝瑶寨古村落）

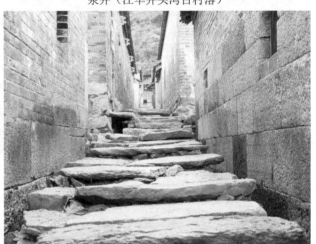

石阶巷道（江华井头湾古村落）

汀步（勾蓝瑶寨古村落）

照壁（新田谈文溪古村落）

小桥流水（江华井头湾古村落）　　　　构筑物（笋根直立，新田谈文溪古村落）

图7.4　建筑外环境园林元素

小型园林大都采用以山、水为中心的环行方式。大型园林的游览路线则比较复杂，除了主要路线以外，还有若干辅助路线，或穿林越涧，或临池俯瞰，或登山远眺，或入谷探幽，或循廊，或入室，或登楼，风景时而开阔，时而隐蔽，不断变化。

湘南园林建筑包括亭、台、轩、廊、楼、阁、榭、舫、道等（图7.5），须符合湘南传统文化特色，突出当地民俗、民情文化，整体风貌必须相吻合，不能贯套江南模式。提倡文化创意，但创意必须建立在自身文化特色和生态特色的基础上，尤其注重生态的原真性、完整性，杜绝将文化创意建立在标新立异的基础上。

石谷登亭（勾蓝瑶寨）　　　　桥头风雨桥（勾蓝瑶寨）

阁楼、古桥（江永上甘棠古村落）　　　　　　道（江永井头湾古民居）

图7.5　湘南园林建筑

第八章

湘南（永州）古建筑的
保护与传承

湘南传统建筑是中国传统建筑的一个重要组成部分，由于各种因素，湘南传统建筑正陷入逐步消亡的境地。如何保护和传承这些宝贵的财富，是一个亟待解决的课题。

一、湘南（永州）古建筑保护现状

湘南（永州）地区拥有丰富的古建筑资源，但是长期以来，人们对古建筑的关注不够。一方面，大量古建筑以砖木结构为主，历经百年风雨，自然损毁和老化现象严重，火灾、倒塌等安全隐患不容忽视；另一方面，随着人们生活水平的提高和对现代居住条件的追求，随意拆旧建新的现象时有发生，古建筑越来越多地受到现代文化的冲击与破坏，命运堪忧。随着城镇化、现代化的快速发展，古建筑遭到开发性、建设性破坏，大批有意义的古建筑消失在历史的长河中。近些年来，不少居民厌倦了城市的千篇一律，对传统文化的热爱逐渐苏醒，意识到作为文化载体的传统建筑所面临的危机，也意识到不能因为城市的发展而将传统建筑丢弃，于是开始将古建筑的保护与发展、传承与利用统一起来。

二、湘南（永州）古建筑在保护与传承方面面临的问题

湘南古建筑种类多、分布广，在保护与传承方面主要面临以下问题。

（1）记载古建筑原样、基本信息、维修记录、建造技艺的文献大量丢失，使得重要的维护工作无法顺利开展。

（2）经济发展迅速，城镇化、现代化进程加快，而对于古建筑重要性的传播和理解已远远跟不上时代的步伐。

（3）针对古建筑保护与传承的政策在发布和执行上速度缓慢，积极性低，没有真正落实到关键点上。

（4）传统文化宣传力度不够，社会认可度不高，公众对于古建筑的价值认识不足，保护意识薄弱。

（5）居民点空心化日渐严重，年轻一代追求现代化生活，不愿住在古建筑中，大部分居民搬出，只留下老一辈守护。

（6）因为古建筑大多处于偏远地区，治安监管不到位，很多具有历史意义的建筑物品遭到盗窃。

三、湘南（永州）古建筑不被重视的原因

湘南（永州）古建筑不被重视是自然因素、人为因素和社会因素综合影响的结果。湘南区域山地、丘陵、水系众多，旧时陆地交通不发达，以水路交通为主，同时湘南（永州）古建筑分布零散，不便于现场调研及数据采集，很多工作无法全面展开。另外，湘南（永州）经济发展缓慢，信息交流与数据记录方式落后，传统文化的重要性得不到有效的宣传和重视。老百姓受教育的程度低，对于居民而言，古建筑就是长辈们传下来的老房子，对于邻里而言，古建筑就是一些年代久远的木房子，没有意识到其重要性，也就不会宣传或上报政府，更不会用心保护与传承，故而，湘南（永州）古建筑就逐渐不被重视了。

四、湘南（永州）古建筑的保护与传承方法

古建筑作为文化的载体，是各族人民依据本族的文化习俗、审美观念、自然环境、生产生活方式等创造出的可以反映本民族、本地区最本质文化的民族建筑，记录着文化的脉络，能够存在并沿用至今，有其自身的合理性。在保护与传承湘南（永州）古建筑时，我们不但要思考保护的方法，更应该理解文化传承之意义。

1. 加强科学规划

加强对古建筑保护的研究，组织和鼓励社会各界挖掘古建筑在考古学、历史学、建筑学、艺术学、社会学等方面的价值，研究传统建筑保护与开发的有效途径和措施。科学制定保护与开发规划，覆盖古民居保护与开发涉及的方方面面，如"多规合一"规划、文物保护规划、旅游开发规划、"美丽乡村"建设规划、村镇建设规划等。通过严格执行这些规划，规范改革农村建房管理，使古民居既能得到妥善的保护，又能得到合理的开发。加强抢救性保护，对典型古建筑进行挂牌保护，将列入政府保护名单的古建筑安全问题纳入绩效考核。

2. 加大宣传力度

在走访湘南（永州）地区古建筑聚居地时发现，绝大多数民众对古建筑的价值一无所知，个人、家庭及部族只停留在对物质的单方面需求上，为追求现代化的生活而将古建筑推倒重建。被推倒的古建筑的构建木材等无存放空间，甚至被用于烧火煮饭。出现这种情况的根源在于，对古建筑的价值宣传及政策实施不到位，民众不了解古建筑的珍贵性。我们应该加大保护与传承古建筑的宣传力度，让古建筑拥有者认识到文化的重要性。政策实施应更彻底、更亲民，要做到为人民、助人民、利人民，真正解决居民迫切关注的房屋问题。政策实施过程中应对居民无保留，提高政策实施透明度，让居民知道国家、政府对于古建筑保护与传承的态度，从而自然提高古建筑在居民心中的地位。

3. 保护与利用并存

现在古建筑村落中居住的基本都是老人和小孩。尽管古建筑有着通风良好、冬暖夏凉、取材天然等现代建筑无法比拟的优势，但仍无法满足现代生活的需求，有的甚至无法满足健康生活的基本条件，这也是古建筑最大的缺点。部分偏远村落如宁

远的小桃源村，是依照山势从低到高建造的，整个村落中古建筑的保存状况良好，但是居住的村民不多，大部分是一套建筑居住一两位老人，很多建筑都被上锁，无人居住。对于经常需要维护、过一段时间需要大修的古建筑而言，没有居住者也就意味着面临倒塌。还有的传统村落如祁阳的李家大院、新田的龙家大院等由政府或个人投资建设为旅游景点，对外开放，吸引游客参观，在宣传传统建筑文化的同时，保护传统建筑。但建筑是为人而建的，人对于建筑的重要性不仅仅体现在维修保护方面，更重要的是通过人的居住为建筑带来一股生气。因此我们更应该通过国家、政府的帮助，为困难地区传统村落创造基本的生活条件，改善居民生活质量，尽量实现古建筑与现代化技术的友好融合，提供对古建筑的维修与维护，吸引居民回归到修缮改造好的古建筑中。

4. 以文化传承为出发点进行保护

在古建筑的保护与传承中，关键要明确我们的根是什么，一个民族、一个国家的根就是传统文化，只有铭记历史的根是什么，我们才能前行，中华五千年的灿烂文化告诉了我们文化传承的重要性。要充分认识到保护古建筑就是保护祖先留下的珍贵遗产，也是保护不可再生的文化资源，更是打造地域文化品牌的有效途径。对于湘南（永州）古建筑的传承，其中一个原则为，不是简单地对传统建筑采取保持建筑原有面貌不被破坏的方式，而是实现与时代同步。古建筑与时俱进就是适应现代城市发展建设的步伐，实现现代生活模式，满足人们的需求，只有实现与时代同步，才有可能实现湘南（永州）古建筑的传承。

5. 信息保存技术现代化

以前基本上都是用纸质的方式进行存储，记录及保存信息的能力弱，随着存储时间的延长，纸质的储存文件易损坏，又或者由于资料的转移而丢失，

这对古建筑保护的影响非常大。所以实际考察湘南（永州）地区的古建筑，收集其日前尚存的基本信息、修缮记录、材料及技艺记录等，采集建筑主人及邻里的口头描述等信息进行识别验证，利用 CAD 技术、3D MAX、BIM、三维激光扫描、倾斜摄影等构建信息平台或进行画图建模载入信息等，并以县（市、区）为单位分类存档保存，避免文件丢失或损坏。

现今，"中国传统村落数字博物馆"建设是收效较好的方式，其兼顾信息化保存的实用性、文化传承性与科普宣传性，从多维度对古建筑进行数字化保护。笔者团队多年来亦身体力行参与数字博物馆的建设。中国传统村落数字博物馆资料如图 8.1 所示。

中国传统村落数字博物馆检索界面

"下灌村"首页（村落模块）

三维全景建模

三维地形建模

三维激光扫描

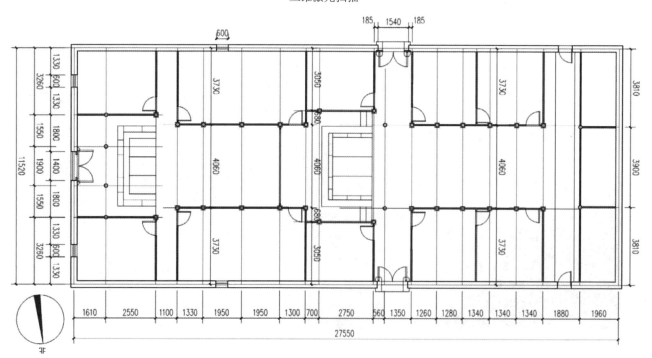

某建筑平面图

图8.1　中国传统村落数字博物馆资料示例

综上，湘南（永州）古建筑的价值是无法计量的，它承载着传统的生活习俗和农耕文化等非物质文化遗产的内涵，是祖先留给我们的一笔巨大的物质财富和精神财富。这种价值既体现于建筑本身，也体现在其所承载的文化上，建筑消失了，其价值也就没有了。如果我们还不重视保护和传承古建筑，那么，不久的将来，我们只能从屏幕和纸张上看到它们的身影。因此，只有同时对古建筑本体进行保护、对古建筑文化进行传承，才能最大限度地保留湘南（永州）古建筑的价值。

附录　各式建筑结构示意图

（1）湘南民宿建筑砖木结构示意图（悬山民宿），如图1所示。

（2）湘南民宿建筑砖木结构示意图（硬山民宿），如图2所示。

（3）湘南宫阙建筑砖木结构示意图，如图3所示。宫阙建筑木架一般使用跨梁式，有盖小青瓦也有盖琉璃瓦的，歇山后殿均用翼角。

（4）湘南园林建筑砖木结构示意图，如图4所示。湘南园林中的廊桥亭阁，其基本建筑结构大体相同。湘南园林虽然很少，但其建筑风格具有特色，也接近于苏杭风格。

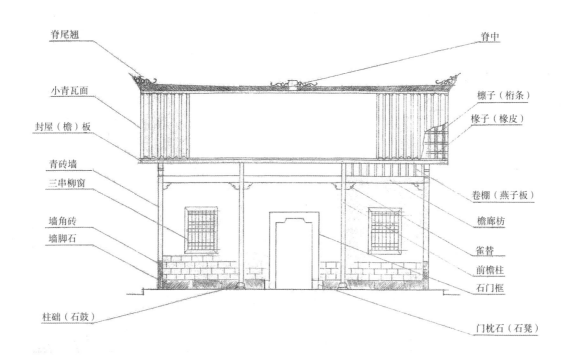

脊尾翘　　脊中
小青瓦面
封屋（檐）板
青砖墙
三串柳窗
墙角砖
墙脚石
柱础（石鼓）
檩子（桁条）
椽子（椽皮）
卷棚（燕子板）
檐廊枋
雀替
前檐柱
石门框
门枕石（石凳）

图1　湘南民宿建筑砖木结构示意图（悬山民宿）

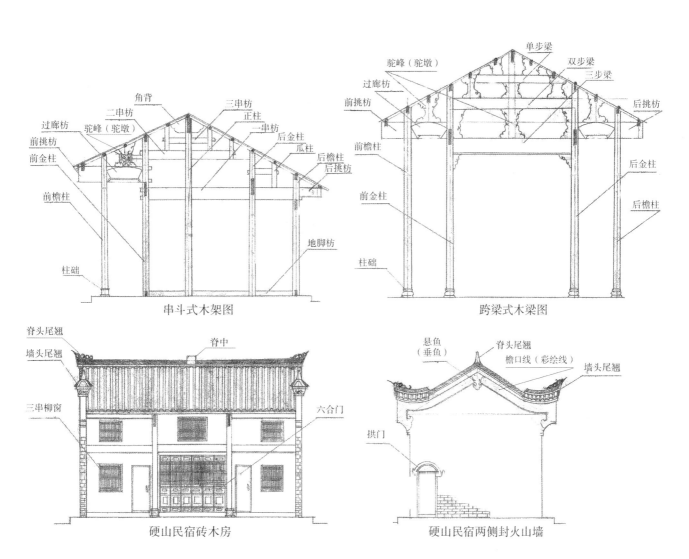

串斗式木架图

跨梁式木梁图

硬山民宿砖木房

硬山民宿两侧封火山墙

图2 湘南民宿建筑砖木结构示意图（硬山民宿）

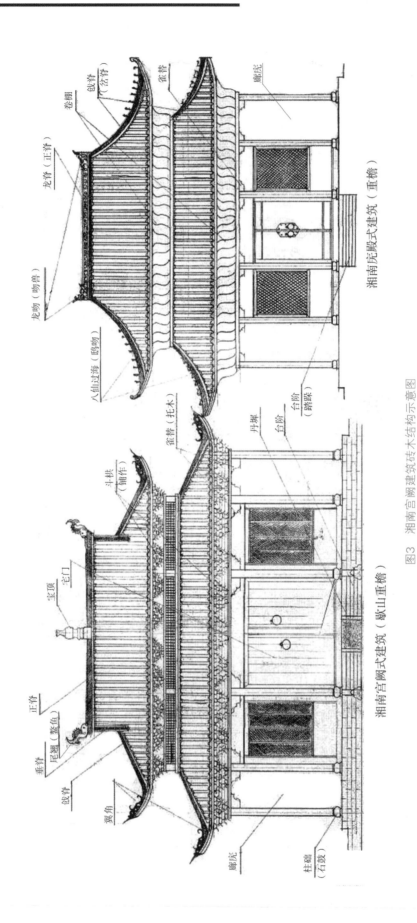

图3　湘南宫阙建筑砖木结构示意图

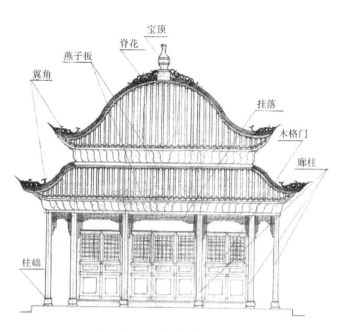

湘南园林盔顶式建筑

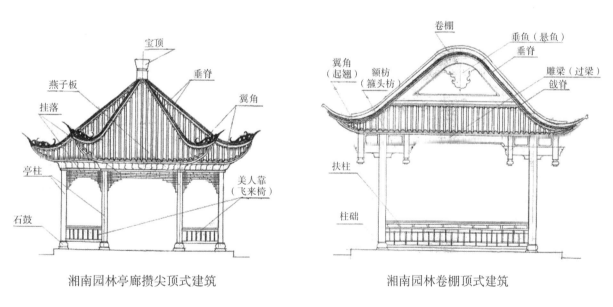

湘南园林亭廊攒尖顶式建筑　　　　　湘南园林卷棚顶式建筑

图4 湘南园林建筑砖木结构示意图

参 考 文 献

［1］ 唐凤鸣，张成城. 湘南民居研究［M］. 合肥：安徽美术出版社，2006.

［2］ 湖南省住房和城乡建设厅. 湖南传统村落：第一卷［M］. 北京：中国建筑工业出版社，2017.

［3］ 周建明. 中国传统村落：保护与发展［M］. 北京：中国建筑工业出版社，2014.

［4］ 杨华. 绵延之维：湘南宗族性村落的意义世界［M］. 济南：山东人民出版社，2009.

［5］ 王思明，刘馨秋. 中国传统村落：记忆、传承与发展研究［M］. 北京：中国农业科学技术出版社，2017.

［6］ 吴恒之. 湖南传统村落公共建筑类型分析与功能更新研究［D］. 长沙：湖南大学，2018.

［7］ 许建和. 地域资源约束下的湘南乡土建筑营造模式研究［D］. 西安：西安建筑科技大学，2015.

［8］ 吴会茹. 基于地域文化保护的湘南传统民居再生设计研究［D］. 长沙：湖南师范大学，2019.

［9］ 胡夏然. 基于空间句法的湘南民居井院空间形态研究［D］. 衡阳：南华大学，2020.

［10］ 曹飞杨. 基于文化地理学的湘南地区传统村落及民居研究［D］. 广州：华南理工大学，2017.

［11］ 周婧. 湘南板梁古村传统民居生态策略研究［D］. 长沙：中南大学，2013.

［12］ 郭春. 湘南传统公共建筑探析［D］. 长沙：湖南大学，2003.

［13］ 梁博. 湘南传统民间建筑营造法研究［D］. 长沙：湖南大学，2012.

［14］ 张素娟. 湘南传统聚落景观空间形态研究及文化阐释［D］. 长沙：中南林业科技大学，2008.

［15］ 张璐. 湘南传统民居建筑对现代居住环境的启示［D］. 长沙：湖南师范大学，2014.

［16］ 阳林杰. 湘南传统民居对现代建筑设计的启示［D］. 长沙：湖南师范大学，2009.

［17］ 汤逸冰. 湘南传统民居装饰艺术及其文化研究［D］. 武汉：武汉理工大学，2017.

［18］ 谭文慧. 湘南传统民居装饰艺术研究［D］. 长沙：湖南师范大学，2008.

［19］ 田长青. 湘南传统外庭院内天井式民居建筑形态研究［D］. 长沙：湖南大学，2006.

［20］ 李曦燕. 湘南地区传统民居花窗的类型与特点研究［D］. 长沙：湖南科技大学，2017.

［21］ 李振华. 湘南地区传统村落在自然通风条件下风环境模拟研究［D］. 长沙：湖南大学，2019.

［22］ 李敏. 湘南地区瑶族传统民居群落研究［D］. 长沙：中南林业科技大学，2013.

［23］ 何峰. 湘南汉族传统村落空间形态演变机制与适应性研究［D］. 长沙：湖南大学，2012.

［24］ 何文庆. 湘南江永县上甘棠村传统村落建筑空间形态及其保护利用研究［D］. 郑州：中原工学院，2019.

［25］ 李曦. 湘南民居的装饰特征研究［D］. 长沙：中南林业科技大学，2008.

［26］ 乐地. 湘南民居中吉祥图的运用与研究［D］. 长沙：湖南大学，2004.

［27］ 刘洋. 湘南宗祠建筑装饰研究［D］. 长沙：湖南科技大学，2019.

［28］ 王粤. 论明清湘南建筑中的木雕艺术［J］. 兰台世界，2013（13）：97-98.

［29］ 邹超荣，叶经文，程家龙．浅谈湘南明清建筑木雕的装饰特征与吉祥含义［J］．大众文艺，2010（16）：193-194.

［30］ 李亚．乡土元素在湘南新农村建筑中的运用［J］．砖瓦，2020（5）：108-109.

［31］ 周基，蔡强，田琼．湘南传统建筑的保护与传承［J］．山西建筑，2018，44（27）：1-2.

［32］ 罗庆华，周红，吴越，等．湘南传统宗族聚落形态与建筑特色研究——以祁阳县龙溪古村为例［J］．中国名城，2012（8）：68-72.

［33］ 张思英，伍国正．湘南地区坳上古村传统村落形态与建筑特征研究［J］．华中建筑，2018，36（3）：121-124.

［34］ 崔婉玉，姚磊，王文．湘南地区传统村落建筑装饰特征研究——以湘粤古道坳上村为例［J］．美与时代（城市版），2020（12）：17-18.

［35］ 程明，石拓．湘南地区传统村落形态及建筑特色的调查研究——以湖南省桂阳县阳山古村为例［J］．华中建筑，2014，32（2）：167-172.

［36］ 陈福群，游志宏．湘南地区传统民居建筑形式语言研究［J］．重庆建筑，2015，14（3）：9-11.

［37］ 张光俊．湘南古戏台的建筑美学研究［J］．艺术评论，2011（6）：126-128.

［38］ 张思英，吴越，胡敏．湘南地区石泉村建筑特征研究［J］．中外建筑，2018（8）：47-50.

［39］ 旷志华．湘南建筑风貌的石泉村建筑特征探究［J］．艺术科技，2018，31（6）：187-188.

［40］ 范迎春．湘南民居的建筑装饰木雕艺术初探［J］．艺术与设计（理论），2008（9）：114-116.

［41］ 唐凤鸣．湘南民居的建筑装饰艺术价值［J］．美术学报，2006（2）：36-39.

［42］ 范迎春．湘南民居建筑的艺术特征初探［J］．美术人观，2007（12）：66-67.

［43］ 许长生．湘南明清建筑木雕现状调查［J］．艺术评论，2009（8）：98-100.

［44］ 何次贤．湘南谭氏宗祠建筑装饰的文化内涵与艺术特色探析［J］．艺术评论，2011（8）：113-115.

［45］ 许建和，官志，涂靖．湘南乡土建筑生态缓冲空间特征分析［J］．四川建筑科学研究，2014，40（5）：251-255.

［46］ 胡师正．中庸——湘南人居村落建筑装饰的文化表述［J］．美术大观，2008（10）：79.

［47］ 胡彬彬．湘南地区明清祠堂建筑遗存考查报告——以郴州汝城县域遗存为案［C］//中国建筑学会建筑史学分会．建筑历史与理论第九辑（2008年学术研讨会论文选辑）.北京：中国科学技术出版社，2008：232-240.